吃錯了，當然會生病！3

發炎，並不是件壞事

發炎失控是百病之源

自然醫學博士 陳俊旭——著

目錄

Part Two 抗發炎檢測篇

抗發炎、抗氧化能力自我檢測

Part Three 抗發炎保健篇

全方位抗發炎的健康新知

Part Four 疾病治療篇
逆轉慢性發炎，用自然醫學擊退難纏疾病！

⊙本書隨時舉辦相關精采活動，請洽服務電話：02-23925338 分機 16。

【2020年再版序】

抗發炎．抗病毒．治百病的健康新知

《發炎，並不是件壞事》這本書探討的是我們人類跟野生動物相比，為何這麼容易生病。在書中我們一再論述，大部分疾病都是因為「發炎失控」所引起。而「發炎失控」的主因，簡言之，就是「氧化壓力」（oxidative stress）過大，或說體內抗氧化劑不足，無以有效中和自由基與保護自身組織所致。

而抗氧化劑不足的起因，可以是「飲食錯誤、作息紊亂、情緒壓力、毒素過多、運動不足」任何一項或多項，也就是我在《吃錯了，當然會生病》書中提到的影響健康五大因素。很多看似不相關的道理其實都已串連在一起了！

抗氧化劑是抗發炎、抗衰老、抗病毒的救星

執筆此刻，正值武漢肺炎新型冠狀病毒肆虐之時，死亡人數節節攀升。其實，罹患肺炎、流感、SARS並不可怕，可怕的是，有些人會因此死掉。但為什麼有人會因感染而死，有些人卻不會？差別就在於體內抗氧化劑足不足夠。目前主流醫學使用免疫抑制劑和抗病毒藥物或抗生素來搶救危急病人，但效果有限。

二〇〇九年，紐西蘭一位農夫亞倫因豬流感而引起敗血症，醫院放棄了，但卻奇蹟式地靠大劑量維生素C而起死回生，紐西蘭醫事法因此將維生素C點滴注射列為急診必備措施之一，但其他國家就沒這麼「先進」了！不管是一般流感或新型病毒引起的肺衰竭、甚至敗血症，如果適當使用足量抗氧化劑，每年至少可拯救數十萬條無辜生命。

SARS和武漢肺炎這一類的新型病毒，以後只會越來越多，不會越來越少。除了自然產生之外，我們還必須關心人造病毒。比爾蓋茲二〇一五年在TED的演講，就很清楚警告大家，未來的世界災難，大家不必擔心核戰，因為已有完善配套，但反觀病毒戰，我們毫無應變能力。萬一病毒戰真的發生，或是類似一九一八年西班牙流感大流行，地球上會有數億人口因感染而亡，除非，大家懂得如何處理「發炎失控」的危急場面。

大劑量維生素C有助改善各種疾病

「慢性發炎失控」會演變成本書中所述各式慢性病，但「急性發炎失控」卻會在二天內奪取性命。SARS和武漢肺炎不是因為免疫力過強而致死，而是因為病毒太狡猾，白血球只好號召更多白血球子弟兵、發射更多不長眼睛的子彈，蹂躪戰場所致。而這個千瘡百孔的戰場，就是奄奄一息的肺部。此時若有足量的維生素C、硫辛酸、谷光甘肽，保護戰場不受流彈波及，病人就可熬過去，起死回生。

雖然「大道至簡」，但群眾是盲從的。健康山羊每天製造十三克維生素C，生病時每天製造一百克，才能維持健康。但不會製造維生素C的現代人，卻天真地相信每天只要攝取〇・一克就足夠?!生了病也不會大劑量補充，在急診室也不懂得這個簡單到不行的救命法寶。

有人可能認為我對維生素C情有獨鍾，不是的，我只是從自然界和臨床上，反覆看到無數疾病都圍繞在維生素C上打轉。現代人對維生素C實在認識不夠，甚至誤解很深，我想，過一陣子，我應該來寫一本書來幫它平反。

感謝支持，我會繼續努力

《發炎，並不是件壞事》已發行八年了，很多人因此受益，擺脫了疾病困擾，證實此書的實用性與有效性。我自己也不斷在蛻變，從本書的「熟食六大問題」延伸到「補足抗氧化劑」觀念，進而發現「高醣飲食」所引起的「胰島素阻抗」與「腰腹脂肪」，其實也是「發炎失控」的大本營。有需要的人，可以效法原始人的低醣飲食、斷食與生酮，就可逆轉許多慢性病。

最近回到美國參加許多醫學研討會，站在時代的尖端，在美國診所率先使用CBD與NMN，對於許多難纏的神經性疾病與逆轉老化，有神奇的見證。

我的行程依舊忙碌，但新書還是陸續出爐。除此之外，我會不定期在台灣、美國、加拿大舉辦各種演講與體驗營，把最新的醫學知識，推廣給有需要的人，希望可盡綿薄之力，促進全民健康。對我所推廣的服務有興趣者，可致電台灣全民健康促進協會（02-7741-6588）或造訪我的美國診所網頁 us.dcnhc.com。如果要和我互動，可到臉書搜尋「陳俊旭自然醫學博士」。

謝謝大家！

陳俊旭

2020年2月　美國自然醫學醫師 寫於美國華州貝靈漢

3分鐘慢性發炎指數大調查

【大眾版】慢性發炎指數調查表

計分方法：A是0分，B是1分，C是2分。

你是否有以下症狀？	半年內出現頻率		
1.常常覺得疲勞	□A不曾	□B偶爾	□C經常
2.睡醒之後沒有精力充沛，或是還想再睡	□A不曾	□B偶爾	□C經常
3.覺得晚上睡得不夠或睡眠品質不好，或有黑眼圈	□A不曾	□B偶爾	□C經常
4.白天會打瞌睡，例如搭公車、開車、上課、開會、看電影時	□A不曾	□B偶爾	□C經常
5.每天工作超過十二小時，熟睡少於六小時	□A不曾	□B偶爾	□C經常
6.有頭暈或頭痛的毛病	□A不曾	□B偶爾	□C經常
7.二年內曾經昏倒	□A不曾		□C是
8.有耳鳴的毛病（非外傷引起）	□A不曾	□B偶爾	□C經常
9.有失眠的問題	□A不曾	□B偶爾	□C經常
10.注意力不集中	□A不曾	□B偶爾	□C經常
11.記憶力減退、常忘東忘西	□A不曾	□B偶爾	□C經常
12.肌肉或關節發痠或發疼	□A不曾	□B偶爾	□C經常
13.肢體或皮膚發麻	□A不曾	□B偶爾	□C經常
14.身體內部發痠、發麻、發脹、發熱、發寒、或疼痛	□A不曾	□B偶爾	□C經常
15.休息時感覺到心臟在跳	□A不曾	□B偶爾	□C經常
16.爬樓梯比較沒力氣、容易喘	□A不曾	□B偶爾	□C經常
17.脖子和後腦勺有痠脹感覺	□A不曾	□B偶爾	□C經常
18.有消化不良或腹脹的問題	□A不曾	□B偶爾	□C經常

19. 肚子有悶痛、鈍痛、刺痛，或手壓下去會不舒服	□A不曾	□B偶爾	□C經常
20. 大便比較稀或是便祕	□A不曾	□B偶爾	□C經常
21. 有噁心或想吐的感覺（懷孕不算）	□A不曾	□B偶爾	□C經常
22. 一年內肝指數曾超標，或五年內曾被診斷有肝炎	□A不曾		□C是
23. 一年內感冒三次以上（三次也算）	□A不曾		□C是
24. 一年內有氣喘發作	□A不曾		□C是
25. 被蚊子叮咬，腫脹沒有在兩天之內消退	□A不曾	□B偶爾	□C經常
26. 身體比較容易過敏，例如起風疹塊、打噴嚏、流鼻水、咳嗽	□A不曾	□B偶爾	□C經常
27. 皮膚有濕疹、異位性皮膚炎、牛皮癬，或其他皮膚過敏現象	□A不曾	□B偶爾	□C經常
28. 皮膚容易發癢、粗糙、或增厚	□A不曾	□B偶爾	□C經常
29. 容易掉頭髮	□A不曾	□B偶爾	□C經常
30. 眼睛比較怕強光	□A不曾	□B偶爾	□C經常
31. 半夜起床小便三次以上（三次也算）	□A不曾	□B偶爾	□C經常
32. 小便有灼熱感、尿道發癢、頻尿、小腹痠脹或腰痛	□A不曾	□B偶爾	□C經常
33. 臉頰、額頭、胸前容易有潮熱（微微發紅發熱）	□A不曾	□B偶爾	□C經常
34. 指甲比較脆弱、剝落、有橫紋或縱紋	□A不曾	□B偶爾	□C經常
35. 刷牙容易出血	□A不曾	□B偶爾	□C經常
36. 一年內有流鼻血	□A不曾	□B偶爾	□C經常
37. 有靜脈曲張的問題	□A不曾	□B偶爾	□C經常
38. 腳後跟很粗糙	□A不曾	□B偶爾	□C經常
39. 眼睛乾澀、容易發癢、或晨起有眼屎（有一項症狀就算）	□A不曾	□B偶爾	□C經常
40. 口腔黏膜乾澀，或常有破洞疼痛（自己咬破不算）	□A不曾	□B偶爾	□C經常

【大眾版】慢性發炎指數調查表　我的得分：　　　　（這就是你的慢性發炎指數）

檢測結果（共回答40題的男性或女性）

0—14分，目前可能沒有慢性發炎問題，請繼續保持。

15—29分，目前可能有輕度慢性發炎問題，建議落實抗發炎飲食，適量補充抗發炎營養素，詳見【Part3 保健篇】。

30—49分，目前可能有中度慢性發炎問題，建議熟讀全書，並進行發炎檢測，大量補充抗發炎營養素。

50—80分，目前可能有重度慢性發炎問題，盡快找醫師確診與治療，並詳讀全書，尤其是【Part4 疾病篇】相關疾病，而除了大量補充抗發炎營養素之外，還要進行個別疾病的輔助治療。

【成年女性】慢性發炎指數調查表

計分方法：A是0分，B是1分，C是2分。

以下只限成年女性回答（未成年和停經女性不必回答）	半年內出現頻率		
41.經期不規律或有間歇性出血	□A不曾	□B偶爾	□C經常
42.經血太少或太多	□A不曾	□B偶爾	□C經常
43.平時有白色或黃色分泌物（甚至有異味）	□A不曾	□B偶爾	□C經常
44.行房時很乾燥或疼痛	□A不曾	□B偶爾	□C經常
45.生殖器附近會發癢或有紅疹、或曾被診斷念珠菌感染	□A不曾	□B偶爾	□C經常
46.月經來身體會很不舒服或會很虛弱，很想請假	□A不曾	□B偶爾	□C經常
47.小腹或骨盆腔裡面有脹脹或痠痛的感覺	□A不曾	□B偶爾	□C經常

【成年男性】慢性發炎指數調查表

計分方法：A是0分，B是1分，C是2分。

以下只限成年男性回答（未成年和六十歲以上不必回答）	半年內出現頻率		
41.性欲減退	□A不曾	□B偶爾	□C經常
42.清晨勃起的頻率一週少於三次（三次也算）	□A不曾	□B偶爾	□C經常
43.勃起的時間變短、硬度不夠	□A不曾	□B偶爾	□C經常
44.行房時容易早洩	□A不曾	□B偶爾	□C經常
45.行房之後身體會很虛弱、不舒服、甚至容易感冒	□A不曾	□B偶爾	□C經常
46.平時陰莖根與肛門之間區域有痠脹甚至疼痛的感覺	□A不曾	□B偶爾	□C經常
47.睪丸有脹脹或痠痛的感覺	□A不曾	□B偶爾	□C經常

【成年女性或男性】慢性發炎指數調查表　我的得分：

（這就是你的慢性發炎指數）

檢測結果（共回答47題的男性或女性）

0—24分，目前可能沒有慢性發炎問題，請繼續保持。

25—39分，目前可能有輕度慢性發炎問題，建議落實抗發炎飲食，適量補充抗發炎營養素，詳見【Part3 保健篇】。

40—59分，目前可能有中度慢性發炎問題，建議熟讀全書，並進行發炎檢測，大量補充抗發炎營養素。

60—94分，目前可能有重度慢性發炎問題，盡快找醫師確診與治療，並詳讀全書，尤其是【Part4 疾病篇】相關疾病，而除了大量補充抗發炎營養素之外，還要進行個別疾病的輔助治療。

特別聲明：本問卷只是初步症狀篩選，不具任何診斷意義。如果得分偏高者，請到醫院做全身健康檢查，以確定疾病的部位與嚴重性，並配合醫師進行妥當治療。

發炎博覽圖

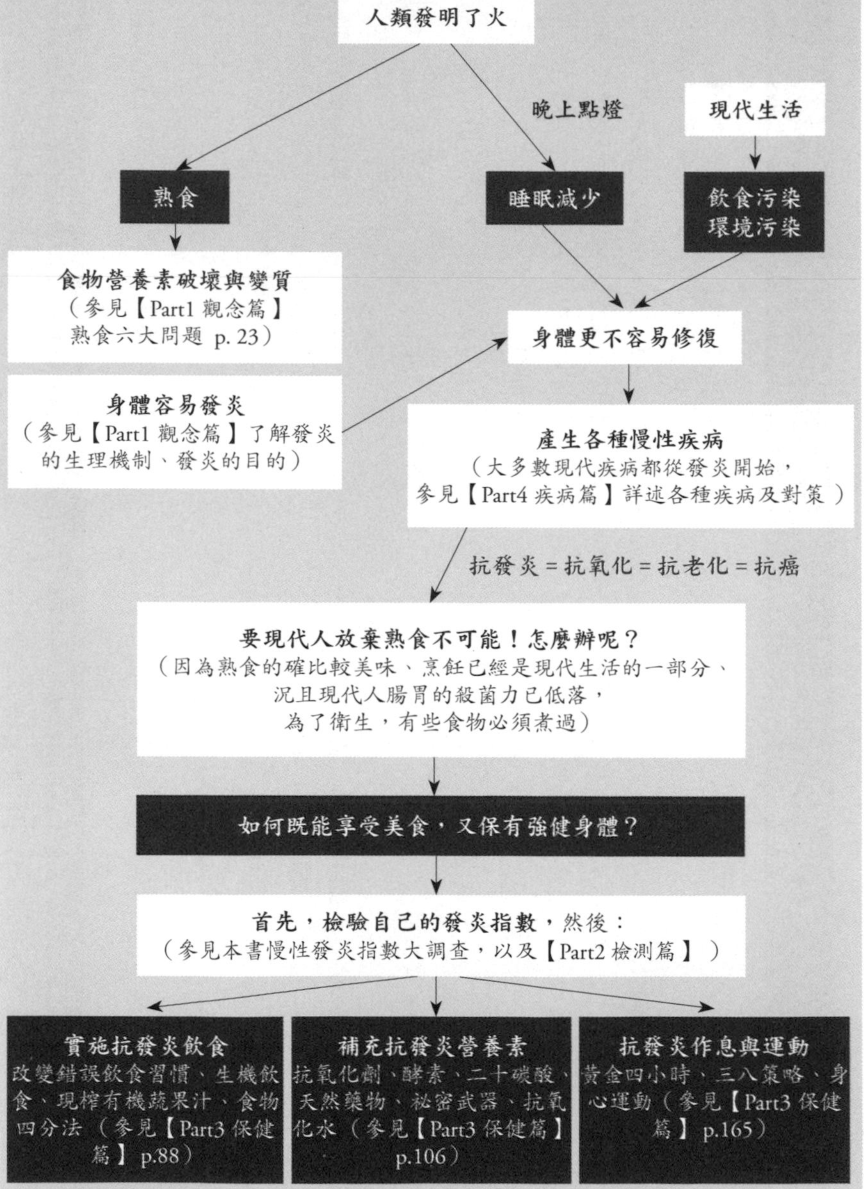

人類發明了火
晚上點燈
現代生活
熟食
睡眠減少
飲食污染
環境污染
食物營養素破壞與變質
（參見【Part1 觀念篇】
熟食六大問題 p. 23）
身體更不容易修復
身體容易發炎
（參見【Part1 觀念篇】了解發炎
的生理機制、發炎的目的）
產生各種慢性疾病
（大多數現代疾病都從發炎開始，
參見【Part4 疾病篇】詳述各種疾病及對策）
抗發炎＝抗氧化＝抗老化＝抗癌
要現代人放棄熟食不可能！怎麼辦呢？
（因為熟食的確比較美味、烹飪已經是現代生活的一部分、
況且現代人腸胃的殺菌力已低落，
為了衛生，有些食物必須煮過）
如何既能享受美食，又保有強健身體？
首先，檢驗自己的發炎指數，然後：
（參見本書慢性發炎指數大調查，以及【Part2 檢測篇】）
實施抗發炎飲食
改變錯誤飲食習慣、生機飲食、現榨有機蔬果汁、食物四分法（參見【Part3 保健篇】p.88）
補充抗發炎營養素
抗氧化劑、酵素、二十碳酸、天然藥物、祕密武器、抗氧化水（參見【Part3 保健篇】p.106）
抗發炎作息與運動
黃金四小時、三八策略、身心運動（參見【Part3 保健篇】p.165）

吃錯了，發炎當然會失控

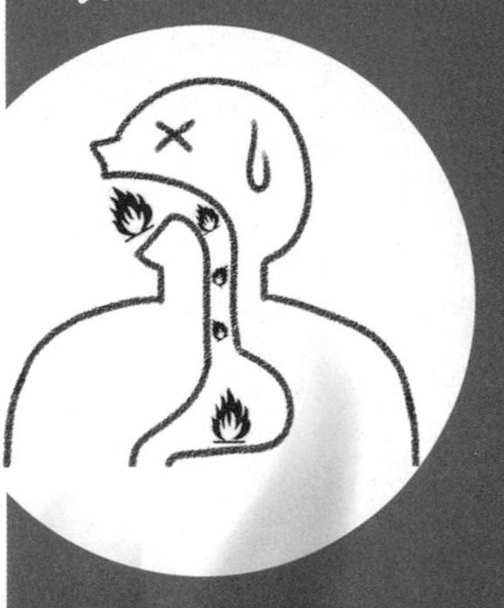

「生食」是自然界的定律，發明火之後，人類喜歡「熟食」，卻讓「發炎」開始「失控」！
發炎本來是一件好事，如果失控，不但「急性發炎」難消，「慢性發炎」也成為百病之源。
熟食，怎麼會和疾病劃上等號？發炎，為什麼是所有疾病的源頭？
習慣吃熟食的現代人，為了不生病，究竟要怎麼辦？
難道不能兼顧「美食」與「健康」嗎？……

不健康，都是熟食惹的禍？

現代人為什麼身體的毛病會那麼多，動不動就這裡痠那裡痛，而且慢性疾病罹患率節節上升，其實主要的原因就是身體發炎了。為什麼同樣都是人類，古早的人不那麼容易發炎，現代人卻深受發炎之苦呢？除了作息改變和環境污染以外，有一個很大的因素，那就是飲食習慣所造成的，其中特別是熟食。到底熟食習慣對人類健康會造成什麼樣的影響呢？

為什麼人類要熟食？

在還沒發明火之前，古老人類的飲食和其他動物沒什麼兩樣，同樣是茹毛飲血、或是採集野果，但是開始有了火之後，人類成了地球上唯一熟食的動物。於是，人類開始吃熟食，飲食越來越多樣化，食物也變得越來越好吃，可是在不知不覺中，身體健康卻受到很大的考驗。大家有沒有想過，人類熟食究竟是為什麼呢？

從人類的文明史來看，熟食已經維持很長一段時間，我認為人類吃熟食主要有兩個原因，一是殺菌、一是美味。生的食物很容易滋生細菌、寄生蟲，唯有把食物煮熟殺菌後，比較不容易因為吃壞肚子而生病。另外，吃熟食還有一個重要的原因，就是把食物煮熟後，好像變得更美味了，所以大多數的人會選擇熟食，而非生食。

一開始人類只想把食物煮熟，可是人類會思考、有創意，於是就開始研究火侯、調味，想盡各種辦法要讓食物變得更好吃，除了水煮、火烤之外，現代的人類還會想辦法用油去煎、用油去炸，說也奇怪，越是用高溫去煎去炸，食物就變得越香脆誘人。當食物越變越好吃之後，我們的身體卻也在不知不覺中，隨著飲食習慣改變而受到影響，尤其最明顯的影響就是高溫烹煮之下，食物的營養素大量流失、甚至變質。

愛斯基摩人的健康大祕密

愛斯基摩人是地球上最強健的民族之一，但飲食卻最為極端，可作為熟食不利於人類健康的最佳證據。我在《吃錯了，當然會生病！》書中的第六十八頁中提過，曾有一位美籍探險家斯德凡森（Vilhjalmur Stefansson）於一九〇六年來到北極，和愛斯基摩人共同生活了十一年。剛開始，他一點都不能接受愛斯基摩人的吃法，因此儘管身在北極，他仍然每天都把肉煮熟了才吃，但這樣生活沒多久卻生病了。

愛斯基摩人告訴他，一定要生食魚肉、海豹肉，否則很可能沒多久就會死掉。他一開始半信半疑，因為他來自文明的紐約市，先入為主地認為生肉不好吃又不衛生，怎麼可能讓他恢復健康呢？可是神奇的地方就在這裡，自從他改吃生肉後，很快地就恢復健康了。

北極天寒地凍，有半年時間是永夜，幾乎種不出蔬菜、水果，那麼愛斯基摩人吃什麼呢？他們主要的食物就是魚肉、海豹肉、馴鹿肉和北極熊肉，這些動物的肉是他們唯一的食物，這顛覆了我們認為不吃蔬果就不健康的傳統觀念。

究竟為什麼愛斯基摩人只吃肉，卻還能保持健康？原來關鍵就在於只吃生肉，而且是野生動物的肉。野生動物的肉含有大量Omega-3必需脂肪酸，況且未經煮熟的肉裡擁有許多未被破壞的營養素，甚至包括維生素C和酵素等。一個民族之所以能在一個地區存活下來，一定有他們的適應方法。北極天氣寒冷，愛斯基摩人把肉放著直到自然發酵才吃，也不容易長出細菌，但如果換在亞熱帶的台灣，沒幾天肉就長蟲了。所以，在熱帶地區的人如果吃生食，應以新鮮蔬果為主。

生存環境決定生食的食物種類

你知道嗎？地球上的原始民族，大都是生食的。北極的愛斯基摩人吃生海豹肉，北美的印地安人吃生魚肉，南方的印尼、菲律賓人吃生的水果，雖然他們生食的種類並不相同，但都有一個相同的條件，那就是這些民族都是根據自己生存的環境來決定生食的食物種類。

地球上的原始民族，都是根據自己生存的環境來決定生食的食物種類。例如，住在炎熱氣候的印尼、菲律賓人，就會選擇多吃水果。

從熱量、營養素的比例來看，如果在北極的話，根本沒有辦法天天吃蔬果，一方面是天氣寒冷長不出來，另一方面是蔬果的脂肪、蛋白質、熱量不夠，而無法讓人在北極保持體溫。反觀，住在東南亞的人就不能生食肉類，一來是肉類很容易滋生細菌或寄生蟲，二來是肉類的熱量太高了，但如果多吃生的清涼水果，則可以讓人在炎熱氣候保持涼爽。

從原始部落的飲食方式來看，如果可以解決寄生蟲和細菌問題的話，生食是比較符合人體的飲食健康，除了少數肉類的確不能吃生的，以及有些蔬菜生食會有毒素問題之外，大部分的食物都可以生食，也應該要生食，只不過這樣的飲食觀念和現代的熟食概念並不一致，所以大部分的人都很難接受。

但是，如果想要擁有健康的體質，盡量採取生食是有必要的，如果乾淨的食材不容易取得，或改變生食習慣真的有困難，只好藉由現代科技，補充因為烹飪而流失的維生素C與酵素等天然營養素。

陳博士小講堂

生食的風險

台灣自從日據時代以來，和日本往來就相當密切。幾十年前，曾在台灣發生一起生食螺肉事件，造成家族多人喪命的風波。

那是一位旅日留學的年輕人，在日本住了幾年，養成非常喜歡吃生螺肉的習慣。回台灣之後，念念不忘，於是引進這種田螺，在自己的家鄉養殖，整個家族也跟著流行吃生螺肉。沒有多久之後，家族裡陸續傳出很多人生病，原因是寄生蟲侵犯內臟與大腦，整個家族因此由盛而衰，悔不當初。

日本人喜歡吃生魚片、生螺肉，非常要求食材的生鮮度，處理的過程也相當嚴謹，而且日本屬於溫帶氣候，寄生蟲比較少。但是，台灣氣候濕熱，不但細菌滋生容易，寄生蟲也很多。所以，日本人吃生螺肉很少出問題，但到了台灣養殖之後，就容易感染寄生蟲。

生食雖然好，但卻必須考慮到各地的環境條件作取捨，不能照單全收。

熟食好壞，問題知多少？

中文有一句俗話，神仙生活是「不食人間煙火」。大家有沒有想過，這裡指的「煙火」是什麼呢？答案不是雙十國慶放煙火，而是「煙燻」與「火烤」；也就是說，在山上修煉的神仙，吃的是野果，這些食物不經煙火烹飪，保留原始的營養素，所以比一般世俗人長壽。當然，這句話也透露出，要過完全生食的生活，幾乎只有神仙才做得到，實在不容易，因為熟食的誘惑實在難以抗拒。

熟食的六大問題

生食與熟食，最大的差別，除了口感不同之外，最主要的就是營養成分的改變。我在此，歸納出熟食的六大問題：

熟食問題一：營養素流失，食物養分打折扣

蔬菜、水果經過烹煮，有些營養素會流失，例如食物中的維生素B_1、維生素C，都是怕高溫的營養素。以維生素C為例，在攝氏八十度烹調三分鐘，只剩二十％。當然也有很多營養素，雖然不會被烹煮破壞，但在川燙、煲煮的過程中，會溶出在湯汁當中，

如果湯汁沒有喝下，營養也就流失，實在很可惜。

熟食問題二：油脂氧化，威脅健康要小心

不管是植物油或動物油，只要超過冒煙點烹調，就會開始氧化，產生游離脂肪酸、自由基、致癌物質，甚至成分比例改變。大部分餐館或路邊攤的油鍋，又黑又黏，其實是氧化裂解相當嚴重，非常容易誘發身體發炎。橄欖油不耐高溫，但很多華人拿它炒菜，很容易造成油脂氧化而影響健康。另外，台灣人喜歡將花生仁炒過之後再去榨油，這樣做相當不利於身體健康，遠不如冷壓製成的油品。當然，油放太久也會氧化，關於油品的諸多問題我在《吃錯了，當然會生病！》、《吃對了，永遠都健康》都有詳細解說，請參考。

熟食問題三：蛋白質變性，慢性疾病容易得

蛋白質經過烹煮，三度空間的分子結構會產生變化，物理特性和化學特性都會發生改變，稱為「蛋白質變性」（Protein Denaturation）。不論蔬果或肉類，食物中的酵素接觸超過攝氏五十五度就會被破壞，而酵素的結構通常是蛋白質。

植物油或動物油，一旦超過冒煙點烹調，就會開始氧化，產生游離脂肪酸、自由基、致癌物質。

哺乳動物的幼兒，都需要喝奶汁，正常小牛如果喝母牛的新鮮奶汁，會長得又強壯又健康。但如果小牛喝經過高溫殺菌過後的牛奶，則活不過一年就會死掉。這告訴我們什麼呢？高溫殺菌的牛奶，其中的酵素、抗體、部分營養素已經被破壞，賴以維生的小牛無法獲得足夠的營養與保護，因此早夭。現代化國家的奶製品全部經過高溫消毒，而且禁止生乳販售，這是進步還是退步，值得令人省思。

瘦肉和雞蛋裡面的蛋白質，烹煮變性之後，會從親水性變成疏水性（疏水性結構會從分子內部翻轉到外面）。根據生物化學的理論，煮熟的疏水性蛋白質比較容易被蛋白酶水解，也就是比較容易消化，但很矛盾的是，根據人體實驗和動物實驗，煮熟的肉類卻會造成消化不良。

之前提到的美國探險家斯德凡森帶著一群年輕人在北極做實驗，也因此入境隨俗改變他們的飲食習慣，這無疑已經證實了，在沒有蔬果可吃的情況之下，吃熟肉會引起嚴重消化不良，但吃生肉既不會消化不良、不會便祕，而且尿液、汗液、糞便也不會有腐敗的酸味。然而，很多營養書籍都說，熟雞蛋比較容易消化，但生雞蛋卻屬於親水性蛋白質，可以溶於水，在人體腸內並無腐敗性。到底真相如何，大家可以自行實驗！

貓是天生的肉食性動物，布登傑（Francis F. Pottenger, Jr.）醫生花了五年時間，以一百零九隻貓做實驗，發現吃生肉和生奶的貓沒有一隻生病，活得很長壽；但是，吃熟肉和熟奶的貓則全部得病，包括牙齒問題、掉毛髮、骨骼疏鬆、關節炎、肝臟萎縮與硬化、腦與脊髓的退化等等。由此印證，吃熟肉真的有礙健康。

不過稍可放心的是，亨利．畢勒醫師（Henry G. Bieler, M.D.）發現吃熟肉引起的腐敗酸，可以被同一餐所吃下的新鮮葉菜類所中和。我個人的體會是，如果到「吃到飽餐廳」（Buffet）大量吃熟肉，會導致極度飽脹與不舒服感，但如果同時吃下相同分量的新鮮沙拉和水果，則用餐完畢後會覺得很清爽。

熟食問題四：梅納反應，老化產物變食物

食物裡面的澱粉和蛋白質經過加溫，會形成一連串化學變化，不但顏色由淺變褐色，而且會產生數百種有香味的中間產物，令人垂涎三尺，這就是食品加工學裡面很有名的「梅納反應」（Maillard Reaction），也稱為「褐化反應」（Browning Reaction）。很多人光是聞到烤麵包、烤土司、烤香腸、烤肉的味道，就垂涎三尺，就是這個原因。

記得小時候在台灣，下午巷口常常有人騎腳踏車來賣烤香腸，淡紅色的香腸，經過紅紅的炭火一烤，變成紅褐色，散發出來的香味，無人可擋。還有大人小孩喜歡吃的麵包，都需要經過褐化反應，它讓加了雞蛋的平凡無奇麵糰，在放入烤箱後從白色變成褐色，如此一來就完成了褐化反應，還不時散發出令人食指大動的誘人香氣，這就代表熱騰騰的麵包可以出爐了。

食物產生梅納反應之後，雖然變得誘人、變得比較好吃，但卻比較不容易消化。糟

糕的是，會形成一些不利健康的中間產物。例如馬鈴薯和穀類裡面都有天冬醯胺（一種胺基酸，Asparagine），一旦和自身所含的大量澱粉共同加熱之後，就會產生梅納反應，進而生成致癌物質丙烯醯胺（Acrylamide）。

換句話說，速食店裡面的薯條或洋芋片，即使用好油煎炸（很多都還在用氫化油或氧化油等壞油，參見本書第六十三頁或《吃錯了，當然會生病！》一書），還是會產生致癌物質。根據香港消費者委員會的研究，含碳水化合物的食物在經油炸之後，都會產生丙烯醯胺。因為在溫度攝氏一百三十度時會出現丙烯醯胺，超過攝氏一百六十度時，更會大量出現。

食品加工或食物烹調過程會產生梅納反應，而人體老化的過程中也會自行發生胺基酸（來自蛋白質）和糖分（來自血糖）的結合現象，最明顯的就是循環末梢產生「進階糖化終端產物」（Advanced Glycation Endproducts，簡稱AGEs）。當身體的組織在老化和血糖過高時，會產生蛋白質糖化現象，例如可怕的糖尿病的併發症（視網膜病變、洗腎、截肢）、

食品加工或食物烹調過程會產生梅納反應，雖然變得誘人、變得比較好吃，但卻比較不容易消化，有些還會產生致癌物質。

白內障、青光眼、肺部纖維化、神經退化等等，都是蛋白質糖化造成。這也是為什麼糖尿病人，除了監控血糖值之外，更需要監測糖化血色素 HbA1c 的緣故。

很諷刺的，現代人最喜歡吃的食品，和人體老化的產物，居然兩者構造是類似的，都屬於梅納反應的產物。我的意思，並非吃了烤麵包和烤香腸一定會加速老化，但兩者之間的關連性值得深思。我們為什麼不多吃充滿生命力的新鮮食物，而要吃經過高溫處理、已經老化的食品呢？

熟食問題五：裂解反應，食物毒物吃下肚

所謂的裂解反應，我以木炭和活性碳的製作來說明，其製作原理就是讓木材處在高溫與缺氧的環境之下，不但不會因此燃燒，反而會進行「裂解反應」（Pyrolysis）。

我們常吃的碳水化合物、蛋白質、脂肪等食物，在高溫和缺水的環境下，都會進行裂解反應。通常裂解反應需要比攝氏一百度更高的溫度，所以在有水分的環境下，食物只會緩慢水解（Hydrolysis），而不會裂解。這也就是我常說，水煮和水炒比烤、煎、炸來得健康的原因。大家愛吃的肉類，脂肪裂解的溫度比碳水化合物和蛋白質更高，產生的毒性也更強。所以，大家愛吃的烤肉、煎魚、炸魚、炸排骨，其實除了之前說的梅納反應之外，還會引起脂肪裂解。

可樂、沙士之所以是深褐色的，是因為添加了焦糖色素（Camarel）。天然的焦糖色

素是在攝氏一百七十度的無水環境下，蔗糖（Sucrose）經過裂解反應而形成，這種過程稱為「焦糖反應」（Camarelizaion）。焦糖反應屬於裂解反應的一種，但不是焦化反應。焦糖反應和梅納反應一樣，都會讓食物變得香氣誘人、味道變好，但兩者其實都是對健康沒有益處的烹飪方法。在電鍋還沒發明之前，台灣人煮飯都是用灶火燒大鍋飯，通常都會有「鍋巴」的形成。又脆又香的鍋巴，很多人喜歡，其實就是米飯經過焦糖反應所造成。麥茶、咖啡、還有烘烤的堅果，都多少經過焦糖反應。例如糕餅、糖果等很多含糖食品，也是經過焦糖反應，讓很多人愛不釋手、一口接一口。

熟食問題六：焦化反應，誘人香氣藏陷阱

台灣在二、三十年前，開始流行中秋節烤肉，年輕人戶外活動，也都以烤肉作為主軸。大家都知道，烤肉多少會有點部分燒焦。當食物燒焦之後，就會產生很多「多環狀碳氫化合物」（Polycyclic aromatic hydrocarbons，簡稱 PAHs）的致癌物質。其實，像是木柴、油脂和煙草在不完全燃燒時很容易產生多環狀碳氫化合物，它包含苯并芘（benzopyrene）等很多化學成分。

許多人喜歡吃燒烤，卻不知道已經悄悄地吃進了致癌物質，像是肉類的油脂就很容易滴到炭火上，於是多環狀碳氫化合物會以蒸氣的形態上升沾附在食物上，也會被正在負責烤肉的人由口鼻吸入。多環狀碳氫化合物除了會導致癌症之外，在實驗室的研究中，

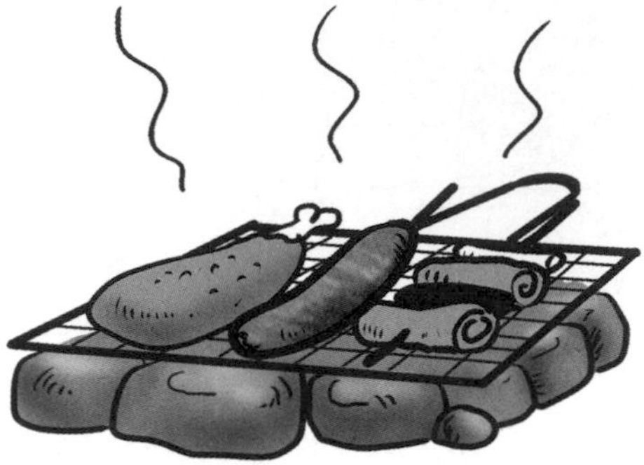

燒烤食物隱藏恐怖的致癌物質！當肉類油脂滴到炭火上，多環狀碳氫化合物等致癌物質會以蒸氣的形態上升沾附在食物上，也會被正在負責烤肉的人由口鼻吸入。

更進一步發現會讓動物產生很多不良的反應，例如生殖器官與心血管系統的疾病、骨髓中毒、壓抑免疫系統、導致肝臟中毒等等。

除了燒烤，最近的研究發現，連煎炸這類高溫烹調方式，都會在瘦肉組織裡面產生雜環狀胺化合物（Heterocyclic amines，簡稱 HCAs 或 HAs），這也是一種致癌物質。二〇〇六年美國的「負責任醫療醫師委員會」（PCRM）控告兩家大型連鎖速食店，指責他們所賣出的每一份炸雞，都驗出來含有致癌物質 PhIP（雜環狀胺化合物的一種）。

二〇一一年四月曾有新聞報導指出，台灣有一名二十四歲的年輕原住民女性，從小嗜吃燒烤食物，有一天因胃痛就醫，發現時竟已罹患胃癌末期。燒烤類食物和到處林立的連鎖速食店，問題多多，除了我以前一直大力疾呼的氫化油問題還沒解決之外，從熟食六大問題的角度來看，它幾乎涵蓋了全部的問題。奉勸讀者，吃燒烤食物時，同時也要吃蔬菜沙拉和水果，份量越多越好。

熟食的四大優點

難道熟食只有缺點沒有優點嗎？其實也未必。以下是熟食的四大優點：

熟食優點一：殺菌、殺寄生蟲、殺病毒

高溫可以殺菌、殺寄生蟲、殺病毒，這是熟食擁護者最有力的依據。對於不能使用農藥的有機蔬菜來說，細菌和寄生蟲是最被人詬病的地方，可是如果煮熟，就能克服此一問題。

生食致病的案例屢見不鮮，例如美國人喜歡吃生菜，但是每隔幾年，就會爆發生吃菠菜導致生病，甚至死亡的案例。二〇一一年八月底，台中一位五十歲男子吃了一顆生蚵，感染創傷弧菌，因為他本來就患有酒精性肝硬化，免疫力不佳，導致在短短的四十八小時內產生猛爆性敗血症不治。

熟食優點二：可以提高類胡蘿蔔素的生物使用率

有些食物的營養成分，不但不會被烹煮所破壞，而且越煮釋出越多，身體也越容易吸收與利用，例如番茄裡面的茄紅素和紅蘿蔔的β胡蘿蔔素，煮得越軟、越糊，越豐富。研究發現，番茄醬中茄紅素的生物利用度比新鮮番茄提高了四倍。所以，如果要攝取茄紅素，應該吃煮熟的番茄；如果要補充維生素C，應該吃新鮮、未煮過的番茄。脂溶性的類胡蘿蔔素（Carotenoids）和水溶性的維生素C大不相同，類胡蘿蔔素經過烹煮之後，

會大量釋出，並且生物利用度（Bioavailability）大大提高。已知的類胡蘿蔔素大約有六百多種，常見的β胡蘿蔔素（β-Carotene）、茄紅素（Lycopene）、葉黃素（Lutein）、玉米黃質（Zeaxanthin）都是對健康大有益處的類胡蘿蔔素家族成員。

熟食優點三：可以分解食物裡面的有毒成分

有些食物含有有毒成分，如果生食，就會中毒，必須加水煮熟。例如芋頭這類的天南星科植物含有不溶性草酸鈣、特殊蛋白質、氰苷、鹼溶性多酚等等，觸摸會讓皮膚發癢，生吃還會引起口腔、咽喉、胃部的灼熱感，甚至嚴重時呼吸困難。樹薯則含有氰氫酸（Hydrogen Cyanide），也是必須經過泡水、煮熟、或是發酵才能食用；如果生食樹薯，會引起暈眩、嘔吐、昏倒。當種植環境越乾燥，樹薯越苦，氰氫酸含量越高，毒性越強，它用這種特性來避免動物吃它。不苦的樹薯，其實還是含有少量的氰氫酸，如果長期生食，會導致甲狀腺腫大。

黃豆是非常好的植物性蛋白質來源，但黃豆含有少量蛋白酶抑制劑（Protease Inhibitors），如果大量生食黃豆，有可能會影響蛋白質吸收，甚至影響胰臟功能。因此，世界上食用黃豆的民族，不是把黃豆煮熟就是發酵，例如豆漿、豆腐、豆乾、納豆、味噌等等，幾乎沒有生食的傳統。馳名中外的台灣永和豆漿，之所以好喝，據說是用小火慢煮豆漿十八個小時。所以，黃豆製品煮越久，對人體的健康越有幫助，越少人有食用後身體不適的現象，甚至發酵過後，它的健康效應更大為提高。日本的廣島長崎原子彈受害者，發現食用味噌對身體具有保護作用。另外，納豆就是發酵過的黃豆，含有納豆激酶（Nattokinase），可以溶血栓，預防腦心血管疾病。

熟食優點四：中藥材適合燉煮，藥效才能發揮

很多中藥材經過燉煮，才能溶出有效成分，也比較容易吸收。而且在燉煮過程中，溫度提高會使不同中藥在湯汁裡產生交互作用，讓中藥複方的效果更加強化。所以，治療急症、重症，通常需要燉煮湯藥，達到「湯者盪也」的效果，而散劑、粉劑、丸劑的效果就沒那麼快速，因為「丸者緩也」。

中藥材經過燉煮，才能溶出有效成分，也比較容易吸收。所以，治療急症、重症，通常需要喝燉煮的湯藥。

解決熟食的兩難

看到這裡，讀者應該已經知道，我並非鼓勵大家回到吃生肉、採野果的史前生活，而是要認清楚熟食對身體健康的負面影響，盡量選擇低溫烹調。在能夠生食的前提之下，盡量生食。不能完全生食的場合，盡量維持適當的生熟比例。最後不得已，只好補充流失的營養素。詳情請看【Part 3 保健篇】（第八十七頁）。

酵素是健康關鍵，你夠了解嗎？

幾十年前，一股酵素風潮從日本吹到台灣，很多人開始喝酵素、談酵素，這股熱潮持續很久，至今市售酵素產品和書籍依舊琳瑯滿目，讓人眼花撩亂，不禁要問，酵素真的有神奇療效嗎？吃酵素就會補充體內酵素嗎？如果不吃酵素，真的會生病嗎？其實，很多人不曉得，只要是有生命的活細胞都會製造酵素。所以，緊接著談完熟食之後，我要來談談酵素，因為酵素、生食、健康三者之間的關係很密切。

體內新陳代謝的「大媒人」就是酵素

首先，來談一個最基本的問題：「酵素是什麼？」「酵素」這個名詞，是日常生活的口語，在化學上，我們都稱為「酶」。所以，我先聲明一下，「酵素」等於「酶」，這兩個名詞是互通的，當你在任何地方看到「某某酶」的時候，你也可以稱它為「某某酵素」。

酵素的成分是蛋白質（或核酸）。在生物學上，酵素不是細胞、不是組織，也不是維生素或礦物質，而是由細胞產生的天然蛋白質分子，幫忙化學反應的進行，也稱為生物觸媒（Biocatalyst）。為什麼稱為「媒」呢？很多生物體內的生化反應，就像古時候害羞的年輕男女一樣，很矜持，不敢開口講話，需要媒人在旁邊撮合，兩個人才會結婚生子。

簡單說，酵素就是體內新陳代謝的「大媒人」，如果沒有這個「大媒人」，很多反應就會停擺。「酶」的中文發音和「媒」一樣，就是因為她是個「大媒人」，相信這樣的解釋大家就會很清楚了。

只要是生物就會製造酵素

酵素不只在營養補充品裡面，**地球上所有的生命都有酵素，所有的活細胞都會製造酵素**。人體有六十兆個細胞，每個細胞隨時都有成千上萬的酵素分子在交互作用著。所有生物只要是活著的，不論是新陳代謝、細胞分裂、荷爾蒙分泌等等，通通需要酵素的參與。

可能有人會問，我們身體自己就會製造酵素，為什麼要補充呢？年紀老化、環境與飲食污染、睡眠不足、熟食、運動不當，都會導致體內製造酵素的效率下降，生化反應因此不能順利進行，就會加速老化或生病。

四十歲以後，許多人會發現體力下降、比較不能熬夜、甚至容易疲倦，這些都是因為體內生化反應不像年輕時保持在最佳狀態的緣故。由此可見，為了減緩老化、避免生病，應該從飲食中攝取外來酵素，以彌補身體製造的不足。

陳博士小講堂

酵素應用範圍多到超乎想像

一八九四年，日本的高峰讓吉從米麴黴中製得澱粉酶，用來做消化劑，可說是現代酵素產品生產與應用的開始。一百多年來，其實酵素工業蓬勃發展，應用非常廣泛。例如，遠在一九一一年，華勒斯坦（Wallerstein）就從木瓜中分離出來木瓜蛋白酵素，用於分解發酵時產生的蛋白質混濁沉澱，讓啤酒變澄清。現代有些洗衣粉、牙粉會添加鹼性蛋白酵素，幫助分解衣物上的蛋白質污垢。隱形眼鏡的清潔液，現在有些已添加鳳梨蛋白酵素，可以幫忙分解黏在隱形眼鏡上的眼睛的分泌物。超氧物歧化酶（Superoxide Dismutase），簡稱 SOD，也是一種酵素，可以抗氧化、抗老化、抗輻射，有些護膚產品添加了 SOD，可以避免自由基傷害，減少色素沉澱。納豆激酶也是一種酵素，可以溶血栓，對預防中風和心肌梗塞很有幫助。

酵素應用於醫療上也很普遍，例如檢查血液中的 ALT、AST（舊稱 GPT、GOT），就可以知道肝臟是否在發炎，因為 ALT 和 AST 是肝臟裡面的酵素，肝細胞發炎時會釋出。甚至糖尿病人用來檢查血糖的試紙，也是靠試紙上面的酵素和血液做反應。另外，在農業上酵素也用來檢測農藥污染、大腸桿菌污染。其實，酵素的應用非常廣泛，比一般人知道的還多得多。

酵素怕熱、怕強酸、怕強鹼、怕重金屬

誠如我之前提過，**酵素在生命體裡面無所不在**，所以照理說我們可以從食物（也就是其他的動植物體內）中攝取酵素才對。但問題是酵素的成分是蛋白質（或核酸），最怕的就是熱，**只要加溫超過攝氏五十五度，蛋白質就變性，食物中的酵素就全部破壞殆盡，失去活性**。

換句話說，只要是生食就含酵素，不論是新鮮水果、生菜沙拉、現榨蔬果汁、生魚片、生牛肉、生蠔，通通含有酵素。如果把這些食物煮熟了，酵素就通通都不見了。現代人如果每餐都吃熟食，也不吃新鮮蔬果，為了減輕身體負擔，避免快速老化與生病，那就有必要補充外來酵素或其他營養品。

除了怕熱之外，酵素也怕強酸、強鹼、重金屬，這些也都會使蛋白質變性，破壞酵素的活性。所以，要服用外來酵素，首先要考慮的是這個酵素產品能不能耐胃酸考驗，是不是有經過包覆處理，或是經過固定化處理，或是實驗證明可通過腸道進入血液。酵素經過篩選與改良，可以改變對酸鹼的耐受度，例如胃分泌的蛋白酵素怕鹼不怕胃酸，但使用在洗衣粉裡面的蛋白酵素就要可耐鹼性。

發酵液並不全然等於酵素

一個細菌就可產出一千多種酵素，目前已知的酵素大概有好幾千種，已被命名的約

七百多種。所以，一般市售的酵素產品到底含有哪幾種酵素呢？從化學上來說，酵素分為水解酵素、裂解酵素、氧化還原酵素、異構酵素、合成酵素、轉移酵素。一般人所知道的酵素分類，大概是蛋白酵素、澱粉酵素、脂肪酵素、纖維酵素，而這四種通通屬於化學上的水解酵素。

我認為台灣市售酵素產品，有兩個值得注意的地方：

第一，市售酵素大多沒有明確標示酵素的種類。其實，應該要讓消費者清楚知道吃下去的到底是蛋白酵素、脂肪酵素、澱粉酵素，還是其他種類。

第二，市售酵素的劑量欠缺完整的說明。也就是說，要在產品上說明每種酵素到底含有幾個國際單位（IU），盡到告知的義務。

以我的了解，市售大部分的液體酵素產品，嚴格說來，應該稱為「發酵液」，而不應該稱為「酵素」，因為這樣的稱呼會與真正純化的酵素產品混淆。大家都知道，把蔬果加一些糖和酵母，它就會開始發酵，第一個產物就是號稱酵素的發酵液，如果繼續發酵，就會變成酒，如果再繼續發酵，就會變成醋。

我剛才說過，所有的活細胞都會製造酵素，所以酵母菌當然也會製造酵素，只是發酵液裡面除了酵素之外，還含有很多東西，例如糖分、維生素、礦物質、醇、有機酸、胺基酸、核甘酸等等，這些成分未必不好，甚至也有它額外的功效。如同開門見山的那一句話：「所有的生命體都含酵素！」新鮮蔬果含酵素、發酵液含酵素，甚至未殺菌處理的醋也都含酵素。我們不應該稱呼發酵液為酵素，就好像不應該稱呼番茄為茄紅素一樣。因為你不會去菜市場說：「老闆，我要買一斤茄紅素吧！」但是，台灣跟著日本這樣稱呼已經很久了，可能不容易改過來吧！

正確補充酵素才會見效

不論是酵素、酵母、還是發酵（參見「陳博士小講堂：發酵 vs.酵母 vs.酵素」），都不能超過攝氏五十五度，否則酵素就被破壞，生命力就停止。這就是大家對於酵素應該要有的最重要觀念了。熟食造成人類的飲食嚴重地缺乏酵素，而缺乏酵素，就容易老化與生病。到底要如何補充酵素，如何正確使用呢？請參考【Part 3保健篇】（第八十七頁），有詳細說明。

陳博士小講堂

發酵 vs.酵母 vs.酵素

到底發酵、酵母、酵素之間的關係如何？我現在就為大家說分明。

人類利用細菌、黴菌、酵母菌幫忙分解食材，以達到我們所需要的產物，這就是「發酵」，英文是「Fermentation」。而酵母菌是最常被添加在發酵過程的微生物，簡稱「酵母」，英文是「Yeast」。而所謂的酵素，就是微生物發酵的產物之一。酵素這個字的英文是「Enzyme」，其實希臘文意思是「在酵母中」（in the yeast），這是一八七八年由庫尼（Kuhne）提出。更早以前，酵素稱為發酵物（Ferments）。一八九七年畢希納（Buchner）證實，只要添加酵母抽取物（含酵素），就可以使蔗糖發酵，而不必添加活的酵母細胞，因為發酵的過程，主要是靠酵素在分解食物。

既然所有的生命體都含酵素，當人類要從體外攝取酵素時，我們可以考慮選自植物、動物、微生物這些不同來源。與其去種植物、養動物，人類也可以培養酵母菌、黴菌、細菌等微生物，而且是一個最簡單與最容易監控的方法。

因此，不管自古以來人類懂得如何製作醬油、豆腐乳、醃菜、醋、酒釀、啤酒、味噌、納豆、乳酪、優格、麵包、饅頭，到現代酵素工業用在製造果糖、寡糖、水解蛋白、胺基酸、益生菌、明膠（膠囊的成分）、酵素清潔劑、某些營養品成分、把人工合成的DL胺基酸轉成天然的L型式，以及許多醫學診斷與治療、疫苗等等，絕大部分都是靠微生物發酵在幫忙。

身體發炎的真相，一定要認清

我們身體會發炎，其實不是一件壞事，因為適度的發炎，有它的必要性。舉例來說，一般人常會遇到的蚊子叮咬問題，如果被蚊蟲咬傷，傷口產生紅腫癢痛，那是一件好事，表示身體的發炎機制啟動了，正在清除毒液和修復傷口，但是這個發炎不能拖太久，太久就表示身體可能有異狀，那就不是好事了。尤其，免疫系統功能不健全的愛滋病人，萬一得到感冒或普通的傷口感染，對一般人來說沒什麼大不了，但愛滋病人的免疫系統卻無法抵抗普通細菌、發炎機制無法正常啟動，嚴重時還會有生命的危險。

發炎是身體免疫機制在啟動

大家都知道，發炎的時候，會出現紅、腫、熱、痛的症狀，身體會不舒服。當然，沒有一個人會喜歡發炎的滋味。可能有人會說，如果身體不會發炎，那該有多好？真的如此嗎？其實，如果沒有發炎，傷口或感染就無法痊癒，甚至無法存活，因為，身體是靠發炎在清除病菌或修復傷口。簡單來說，**發炎的目的就在於「清除」與「修復」**。

位在亞熱帶地區的台灣，每當夏天到了，很多人都有被蚊子叮咬的經驗，普通蚊子叮到皮膚，應該在兩天以內恢復正常，紅腫消退，看不出痕跡。但是，我遇過很多人，被蚊子叮到之後，一個禮拜還不消退，甚至有一個月不消退的，那就表示身體的發炎不能速戰速決，急性發炎有轉變成慢性發炎的傾向。急性發炎如果過度發展，或無法收尾，就會演變成一大堆的問題。

既然發炎的目的在清除病菌與修復傷口，那我就先從白血球如何殺菌開始講起。人體的免疫系統，主要是靠白血球在運作，當細菌來了，白血球會偵測到，游過去，把它吞噬，然後分泌腐蝕性很強的物質把細菌瓦解掉。這個免疫機制的描述，大概是全世界最簡單的版本了。

白血球殺菌的強力武器——自由基

很多人都很好奇，白血球究竟是如何殺死細菌？我來講一個「燒垃圾」的比喻，相信大家很快就會了解。現代化的大都市，每週都有垃圾車來收垃圾，但在以前的農業社會，沒有垃圾車，所以燒垃圾是一個常用的民間習慣，不管是木板、紙盒，甚至農作物，放一把火燒掉，可以解決很多問題。現代化社會為了空氣的清淨，禁止民眾焚燒垃圾，而我也並不鼓勵任何人燒垃圾，在此只是用燒垃圾來比喻白血球如何清除病菌或破損組織而已。

要燒垃圾之前，首先，要注意附近有無易燃物或易爆物，而且要盡量遠離。另外，也要準備一桶水或是水管、滅火器等設備，以防萬一火苗延燒時可以救急。我寫稿此時，所居住的加州氣候乾燥，整個夏天和秋天，天空幾乎沒有下過一滴雨，每天艷陽高照，白天氣溫很高、濕度很低，在這種條件之下，最怕的就是火燒山。小時候住北台灣，常聽說有人把菸蒂隨地亂丟，引起火燒山或火燒屋的事件，這就是「星星之火，足以燎原」的意思，體內的情況也是如此。

燒垃圾的時候，一定要有人在旁邊看著，人用火燒垃圾，就好像白血球用自由基殺細菌一樣。這個「人」，就是「白血球」。他所點的「火」，就是「自由基」。而我們身體所要清除的「垃圾」，就是「病菌」。體內的白血球，就是利用自由基在毀滅細菌，讓細菌徹底瓦解，就像人燒垃圾，用火把垃圾徹底燒成灰。大家都知道，燃燒是化學變化，垃圾燒成灰之後，是變不回來的。同理可知，只有用自由基摧毀細菌，才能徹底分解細菌，讓細菌無法危害人體。

自由基宛如一把兩面利刃

大家已經知道，當白血球偵測到細菌入侵時，會慢慢游過去，然後伸出偽足，把細菌吞噬，之後會分泌很強的腐蝕性物質把細菌瓦解掉；而白血球分泌的腐蝕性物質就是「溶酶體」（Lysosome），溶酶體裡面含有活性氧（Reactive Oxygen Species，簡稱ROS），活性氧會把自由基丟給細菌，細菌就氧化瓦解掉了。也就是說，人體裡面的白血球，主要就是靠活性氧所產生的自由基在殺菌和清除傷口。

自由基是殺傷力很強的子彈，如同一把兩面利刃。因為，**白血球殺細菌，固然是好事，但是我們卻要盡量避免「流彈」傷及無辜**，也就是要避免自由基誤傷自己的正常組織、細胞膜、DNA等等；否則，輕則急性發炎無法順利收尾、演變成慢性發炎，一系列慢性疾病因而產生，重則損傷細胞膜或DNA，導致早衰和癌症。

自由基之所以會傷及無辜，是因為白血球把細菌完全吞噬之前，它已經開始分泌溶酶體了，這些溶酶體裡面飽含自由基，目的是要殺菌，但卻很可能因此漏出來，跑到細胞外面（如下圖所示），這個漏出來的小小動作，就是一個人健康與否的關鍵所在。換句話說，要讓急性發炎乾脆俐落、要避免慢性發炎、要避免得到慢性疾病、保持年輕、不得癌症，最基本的方法就是避免自由基的傷害。

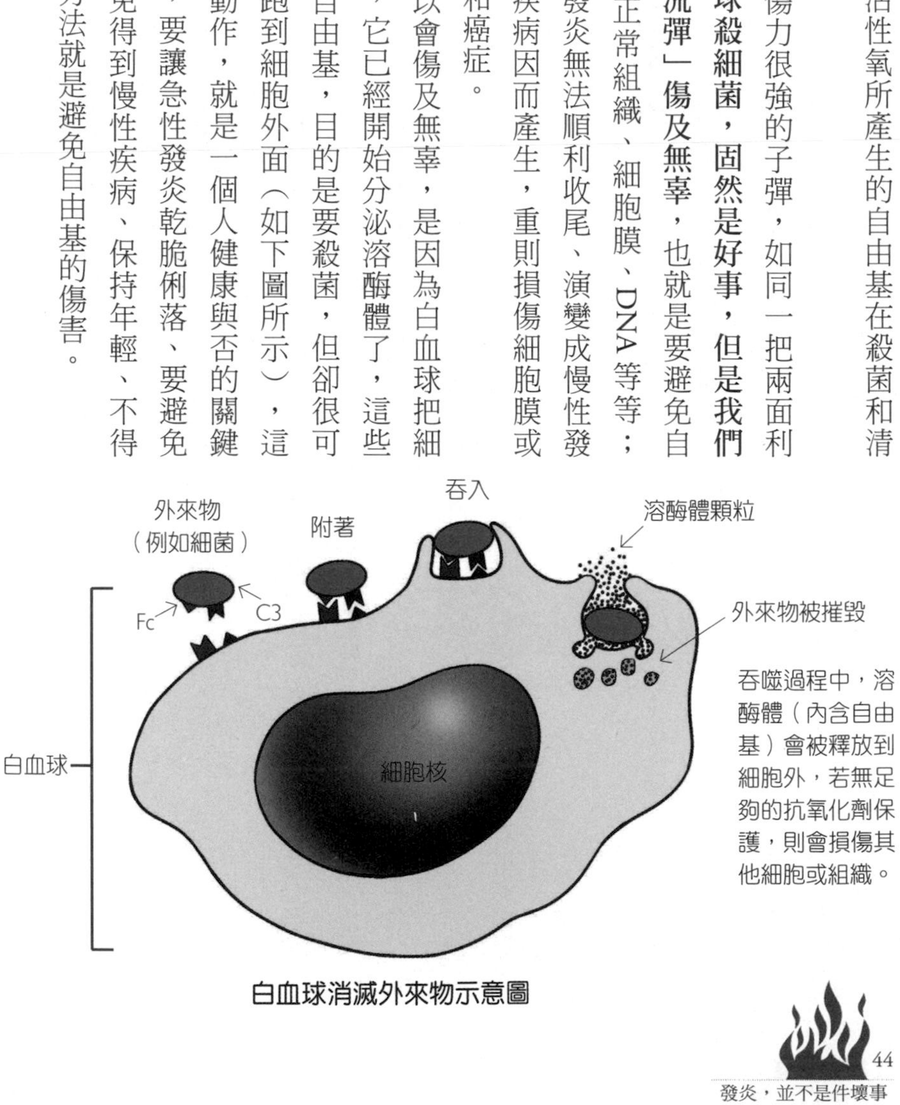

白血球消滅外來物示意圖

陳博士小講堂

自由基如何氧化細菌？

自由基（Free Radicals）是非常不穩定的未成對電子，喜歡把它所遇到的東西氧化。例如小孩子不小心跌倒，手腳擦破皮了，媽媽會拿雙氧水來消毒傷口。以化學原理來解釋，整個雙氧水清理傷口的過程，就是雙氧水把自由基丟給細菌，讓細菌氧化，然後雙氧水就還原成水，這就是化學上鼎鼎有名的「氧化還原反應」（Redox Reaction）。

很多人聽到氧化還原反應，就開始覺得枯燥難懂起來，其實，它的原理很簡單，就是小學生玩的「抓鬼」遊戲。那個「鬼」，就是「自由基」，它隨時都想要找位置坐下來，一旦坐下來，那個地方就被氧化了。

身體裡面成千上萬的化學反應，幾乎都是氧化還原反應。舉例來說，我們每天吃飯，把澱粉消化分解成葡萄糖，葡萄糖進入細胞裡面燃燒，產生熱量，也是氧化反應。生活中也都可以看到氧化反應的例子，像是報紙放久了，慢慢會變黃，就是報紙氧化了。點一把火，把報紙燒了，這也是報紙氧化了。氧化反應是化學變化，是不可逆的，變黃的報紙不可能變白，燒成灰的報紙也不會變回來。

發炎失控，會衍生哪些疾病？

有人會說：「我知道啊！和發炎相關的疾病，不就是傷口發炎、扁桃腺炎、盲腸炎、口角炎、支氣管炎、鼻炎、結膜炎、關節炎、腦膜炎這些發炎嗎？」其實不只一般民眾，甚至連醫學專家，都有這種狹隘的認知。

直到二〇〇〇年前後，哈佛大學的利德克教授（Paul M. Ridker, MD）改變整個醫學界對發炎的看法。原來我們所熟知的心肌梗塞、腦中風、老年失智症、糖尿病、肥胖、過敏等慢性疾病，都和發炎有密切關係。

血管疾病的罪魁禍首不是膽固醇

醫學上，數十年來都認為膽固醇是心肌梗塞和腦栓塞等腦心血管疾病的罪魁禍首。後來進一步發現，原來膽固醇還有分為「高密度膽固醇」（HDL-C）和「低密度膽固醇」（LDL-C），臨床醫生也都呼籲民眾要定期檢查膽固醇，如果低密度膽固醇超過一定數值，就表示容易罹患腦心血管疾病。我想這是世界各國的衛教很成功的一點，已經成為現代人一個普遍常識。

但很諷刺的是，美國統計發現，一半以上的心肌梗塞和腦栓塞發作患者，他們血液中的低密度膽固醇值卻是正常或低於正常值。這不是開了一個天大的玩笑嗎？大家一直奉行不悖，用低密度膽固醇來判斷心血管疾病風險的這個預測法，還不如丟銅板來得準確。

預測心血管疾病新指標

到底該如何預測腦心血管疾病呢？有兩個比較進步的方法：

第一個方法：要看膽固醇的比例，不能只看個別膽固醇的數值。總膽固醇除以高密度膽固醇，比值大於五就是高危險群，比值小於三就是低危險群。從二〇〇二年開始，歐洲的醫師已經使用這個方法，請參考《吃錯了，當然會生病！》第八十五頁。

第二個方法：要看「C反應球蛋白」。「C反應球蛋白」的英文是「C-Reactive Protein」，簡稱「CRP」。「C反應球蛋白」是一種肝臟自行合成的蛋白質，它的生理角色是用來結合已經死亡或受損細胞的細胞膜表面，以啟動補體系統或巨噬細胞，來清除這些身體不需要的細胞。哈佛大學的利德克教授發現，用「C反應球蛋白」來當作預測心肌梗塞和腦栓塞發作的指標，比用低密度膽固醇準確多了。這是因為血管受損時，會啟動白血球過來進行發炎任務，因而使得「C反應球蛋白」的數值升高。

常見慢性疾病都和發炎關係密切

利德克教授這項前所未有的重大發現，開啟了醫學界對於腦心血管疾病和其他慢性疾病的全新見解，原來大多數的常見慢性疾病，例如心肌梗塞、腦中風、老年失智症、糖尿病、肥胖、過敏等等，都和發炎有密切關係。

二○○四年，利德克教授還因此入選美國《時代雜誌》（TIME）全球百大影響力人物之一。不只「C反應球蛋白」可以預測腦心血管疾病，甚至服用降低「C反應球蛋白」的西藥（例如阿斯匹靈），也可以成功降低心肌梗塞和腦栓塞的發生率。

從這裡我們可以看出，腦心血管疾病和血管發炎有密切關係，藥廠因此大力鼓吹服用阿斯匹靈藥物來降低腦中風和心肌梗塞的風險。從自然醫學的角度來看，這個方向是對的，但是方法卻不一定非得使用人工合成的阿斯匹靈（或其他消炎藥）不可。

最根本之道，應該是根據本書接下來要提出的方法，例如改變飲食內容、補充抗氧化劑或其他抗發炎的營養補充品，調整作息、規律適度的運動，也要盡量避開一切毒素的污染，讓身體的發炎能夠盡量在合理安全的範圍內。

錯誤的迷思不容易糾正，對於膽固醇，很多人至今還認為雞蛋不能多吃，尤其是蛋黃。其實，水煮的蛋沒關係，但高溫處理的炒蛋、煎蛋裡面的膽固醇「氧化」了，那才是問題。所以，不要怪罪於膽固醇，真正的罪魁禍首在於「氧化」。

急性發炎或慢性發炎，大不相同

談過了發炎的目的，終於要來談急性發炎和慢性發炎的機制，以及兩者的差別。如果要完全仔細描述，講三天三夜可能也講不完，而且很難面面俱到。

大家只要記住一個基本觀念，那就是：**發炎並非壞事，但要乾脆俐落、速戰速決，不可拖泥帶水。如果在幾天內無法收尾，常常就會演變成難纏的慢性發炎。慢性發炎千變萬化，像一個千面女郎，在不同場合、不同時間，會以不同面貌呈現出來，令人無法捉摸，甚至讓人無法看出它就是發炎。**

如果想要進一步鑽研急性和慢性發炎，可以參看「急性發炎和慢性發炎的機制對照一覽表」，以及我接下來的說明。

急性發炎和慢性發炎的機制對照一覽表

	急性發炎	慢性發炎
怎麼引起？	病菌、外傷	病菌、外來物、過敏原無法被消滅→持續的急性發炎→轉變成慢性發炎
哪些細胞參與？	中性白血球	巨噬細胞、淋巴球、漿細胞、纖維母細胞
主要的發炎介質	組織胺、二十碳酸	細胞激素、成長因子、活性氧、水解酵素
反應步驟	立即、一成不變、制式流程	延遲、千變萬化
持續多久	數分鐘、數天	數週、數個月、數年
可能的結局	消退（Resolution） 化膿（Abscess formation） 慢性發炎	組織破壞（Destruction） 組織纖維化（Fibrosis） 組織壞死（Necrosis）
症狀	紅、腫、熱、痛	血管增生、纖維母細胞增生→結痂

乾脆俐落的急性發炎，身體才健康

大家不妨回想一下，如果不小心被小刀割傷，皮膚如何修復？小刀割傷，皮肉被切開，或多或少會有細菌、灰塵、鐵屑等等外來物入侵，即使不會引起感染（Infection），也會引起發炎（Inflammation）。這裡先澄清一個觀念，發炎不等於感染，感染不等於發炎，感染屬於一種發炎反應，通常是由微生物所引起，例如病毒、細菌、黴菌等等。

在急性發炎的過程中，由於局部的血管擴張、滲透壓提高，所以會出現紅腫；由於細胞激素的分泌，所以會局部發熱；如果局部神經末梢受到刺激，就會覺得疼痛。因此，紅、腫、熱、痛，是急性發炎最典型的四大症狀。

一旦外物入侵，立即號召白血球應戰

外來物入侵後，急性發炎反應立即開始。在二十四小時以內，會吸引大量的中性白血球（白血球的一種）來到現場。白血球本來在血管中流動，如何穿過管壁、層層細胞，來到表皮呢？靠的是一系列血管收縮、血管擴張、管壁細胞縮小、滲透壓提高、血液流速減慢等等過程，使得中性白血球穿過層層障礙，進入組織，並透過趨化作用

（Chemotaxis），清楚確定傷口的位置，最後來到案發現場。

中性白血球到現場之後，開始吞噬外來物，用自由基將它們逐一摧毀。輕微的傷口，通常表皮細胞在四十八小時內就再生。如果急性發炎沒有完全處理妥當，在七十二小時左右，就會派遣巨噬細胞（也是白血球的一種）來到現場，接管中性白血球的任務。

以簡單的刀傷來說，雖然在第二天表皮細胞就開始再生，甚至傷口已經開始癒合，但其實裡面的修復還是繼續在進行。到了第五天，肉芽組織就會形成。到了第二週，膠原纖維就會取代肉芽組織。到了第四週，傷口的強度就會到達最大，修復工程就算告一段落。也就是說，簡單的傷口，修復比較有效率；如果傷口比較深、比較寬廣、或比較複雜，修復過程就比較複雜，也比較沒有效率，就很容易留下疤痕。

分批調兵遣將，是免疫系統的巧妙安排

這種分批控制戰場的任務分配，像極了真實世界中的人類戰爭。大家都聽過第二次世界大戰的諾曼第登陸（Normandy Landings）吧！通常，要搶灘成功，以占領戰場，第一批派出的就是大量的海軍陸戰隊（在人體內就是中性白血球），等到占領海灘之後，再派遣步兵（就是巨噬細胞），深入戰地，和敵軍奮戰，最後希望取得勝利。海軍陸戰隊和步兵的專長非常不一樣，這是為什麼要分批派遣的原因，在人體裡面，也是一樣的道理，會逐批派遣中性白血球和巨噬細胞來清理現場。

第 1 階段
先派大量如同海軍陸戰隊的中性白血球負責搶灘，占領戰場！

我們中性白血球全力搶灘，殺敵成功囉！
勝

第 2 階段
如同海軍陸戰隊的中性白血球完成階段性任務之後，接下來就派遣如同步兵的巨噬細胞，深入戰場和敵軍廝殺，希望取得最後的勝利。

中性白血球搶灘成功！就輪到我們巨噬細胞上戰場了。

身體在對付入侵外來物，會立即啟動急性發炎反應，像極了第二次世界大戰的諾曼第登陸。

其實，慢性發炎還會用到淋巴球、漿細胞、纖維母細胞，甚至還有肥大細胞、嗜酸性白血球等等，也會牽扯到更多的細胞激素（Cytokines）與補體系統（Complement System）等等，由於講下去就太複雜了，就不再多說。例如過敏就是發炎的一種，但光是過敏反應在學理上就分為四型，第一、二型為立即反應，稱作急性過敏；第三、四型為延遲，也就是慢性過敏，而且機制大不相同（詳細內容請參見《過敏，原來可以根治！》第七十一頁），更何況是其他形形色色的發炎反應！

大自然的設計非常奧妙，從免疫系統的修復機制，我們就會知道人類智慧的侷限，以及造物者的偉大。

陳博士小講堂

什麼會誘發急性發炎？

第一，病菌，包括病毒、細菌、黴菌等等。第二，受損細胞，不管是外傷或自行損壞，受損細胞一定要修復或清除，健康的身體不容許受損細胞一直存在。第三，有害的刺激，這就涵蓋很廣了，過敏原、輻射、燒燙傷、凍傷、刀傷、撞傷、毒物、有害化學物質、泥土、鐵屑、蚊蟲叮咬、被野草刺傷等等，都屬於這一類。總之，只要是外來物，不屬於自己的正常細胞組織侵犯體內，就有可能誘發發炎反應。

急性發炎收場有四大類型

第一型：**消退**。簡單的急性發炎，例如很輕微的燙傷，沒有破口，發炎反應非常短暫，在幾小時內紅腫就消失，修復得非常漂亮，和受傷之前幾乎一模一樣，功能也絲毫未損。從細胞層次來看，間質細胞（Parenchymal Cell）有很好的再生現象。血管擴張和白血球聚集等現象都完全停止。這種發炎的結局最為完美，稱為消退（Resolution）。

第二型：**纖維化**。如果大量的組織受損，或是身體修補能力較差，導致間質細胞無法再生或完全修補，只好形成纖維化的疤痕，來畫下句點。由於這些疤痕不含正常的間質細胞，所以，該器官的功能可能受損。例如：肝硬化、心肌梗塞留下疤痕、蟹足腫（Keloids）、手術留下刀疤。這種發炎的結局相當常見，稱為纖維化（Fibrosis）。

第三型：**化膿**。如果傷口受到細菌的感染，白血球和細菌廝殺的結果，產生大量的膿（Pus），這種結局就是化膿（Abscess Formation）。

第四型：**慢性發炎**。如果外來物的刺激無法移除（例如細菌滋生或持續受傷），或是痊癒的能力受到干擾（例如吃大量油炸物、睡眠缺乏、抗氧化劑不足、壓力過大），急性發炎就無法收尾，而演變成慢性發炎（Chronic Inflammation）。常見的例子是急性胃潰瘍，常常演變成慢性胃潰瘍或胃食道逆流。急性肺炎會導致大量肺組織損傷、細菌滋生，導致慢性肺膿瘍。

陳博士小講堂

身體的組織如何修復？

我想來談身體的組織是如何修復？這裡所指的組織（Tissue），是生物學的名詞，由一群細胞的組合稱為組織，例如結締組織。不同組織合在一起，成為一個器官（Organ），例如心臟。幾個器官合在一起，形成一個系統（System），例如循環系統。最後，不同的系統結合在一起，就形成一個個體（Individual）。

我先問一個很簡單的問題：電視機壞了，怎麼辦？答案是換一台新的，或送廠維修。大家不妨想想身體的組織受傷了，怎麼辦呢？也是一樣的兩條路：再生或修復。例如，肝臟是可以再生的器官，即使發生肝炎、肝纖維化、肝切除，只要你給它足夠的養分與休息，它可以再生，可以完全修復，而且完全恢復功能。但是，身體有更多的構造，不能再生，只能修復，例如肌腱、腦神經、心臟等等。

組織修復時，常常會留下疤痕，所以功能多少會受損，無法完全恢復正常。例如，有些人有腳扭傷的經驗，或是運動員肌腱拉傷，修復過的肌腱纖維的排列比較不像原來那麼平行緊密，所以該處的強度會大打折扣，很多人不小心又會在同樣的地方肌腱斷裂。

微觀到宏觀，從不同角度看待發炎

一件事物，常常可以從不同的角度和層次來看待和分析。同樣的道理，當我們在分析一個疾病或病理現象時，也可以從不同層次切入。以下「微觀到宏觀看待發炎疾病一覽表」，簡單呈現出發炎疾病的不同層次。

在討論發炎時，我有時候會從白血球的層次來描述它如何吞噬細菌，這是在「細胞層次」。一下子又會談到自由基如何摧毀細菌，或是抗氧化劑、好的二十碳酸、植物生化素如何保護細胞免於受到自由基的傷害，花生四烯酸如何促進身體發炎反應，這是在「分子層次」。在美國，有一個學派用營養素來治療疾病，叫做「分子矯正醫學」，就是圍繞在這個層次，自然醫學裡面的營養醫學，也是聚焦在這個層次。

急性發炎和慢性發炎在局部會呈現不同的紅腫熱痛、化膿、纖維化、壞死，這是在「組織層次」。發炎會導致心肌梗塞、肺部纖維化、肝硬化、腎功能衰退、老年失智症，這是在「器官層次」。發炎的時候，一個人會感到疲倦、發燒、疼痛、或其他全身症狀，這是在「個體層次」。

有些家族比較容易有高血壓、心臟病的傾向，有些則是糖尿病、失智症、過敏、癌症等等，這是因為遺傳基因的不同，這是在「家族層次」。最後，我們也發現，不同種族之間，由於不同飲食、風俗、演化、體質，而呈現不同的疾病傾向，例如黑人容易有蟹足腫，而白人容易有皮膚癌，原住民放棄原始飲食改成精製飲食之後，容易有肥胖、糖尿病的問題，這就是從更宏觀的「種族層次」來看待發炎。

微觀到宏觀看待發炎疾病一覽表

不同層次	
種族	黑人、白人、黃種人、原住民、其他哺乳動物
家族	遺傳、習慣
個體	全身症狀、疲倦、發燒、疼痛
器官	心肌梗塞、腦中風、老年失智症、不孕、氣喘、花粉熱、肝癌、過勞
組織	肉芽腫、蟹足腫、硬化斑塊、纖維化
細胞	中性白血球、巨噬細胞、淋巴球、細胞激素
分子	活性氧（自由基）、花生四烯酸、反式脂肪、維生素、礦物質、抗氧化劑、植物生化素、阿斯匹靈、類固醇、組織胺

千面女郎的慢性發炎，是現代疾病根源

急性發炎和慢性發炎比起來，比較單純，它的流程也比較制式化（Stereotype）。反觀慢性發炎，就像一個難纏的千面女郎，在不同場合以不同面貌出現，甚至還會偽裝，讓人誤以為她不是發炎，這就是她難以了解、難以捉摸的地方。我認為，現代的免疫學進展，還未完全搞清楚這位千面女郎的真正面目，因為慢性發炎的存在，是一個進退兩難的妥協結果。

慢性發炎宛如失控的戰場

急性發炎失控之後，演變成慢性發炎。如果以戰爭來做比喻，**慢性發炎就是一個失控的戰場、一個打不完的爛仗**，敵我雙方迂迴轉進、不分高下。時間拖得越久，傷亡越加慘重，但戰爭卻難以結束。

慢性發炎有三大特點：

第一，由於組織損傷無法修復，大量的白血球聚集在現場，例如巨噬細胞、淋巴細胞、漿細胞、肥大細胞、嗜酸性白血球。好比戰場上，大量軍隊、各種軍種聚集。

第二，由於發炎細胞持續分泌細胞激素，導致組織受到嚴重破壞。好像戰場上受到敵我雙方的飛機砲彈轟炸，導致房舍、工廠、農田殘破不堪，社區失去正常功能。

第三，傷口有許多小血管增生，以及纖維化的現象。表示身體嘗試再修復受損組織，但卻無法徹底完成任務。

慢性發炎除了包括纖維化、化膿、水泡之外，還會以肉芽腫（Granuloma）的型態持續呈現，巨噬細胞換了面孔，變成類似表皮細胞，例如痲瘋病、梅毒、類肉瘤病、布魯氏菌病等等。慢性發炎，會導致器官的功能喪失。有些長期慢性發炎，也會造成細胞DNA突變，導致癌症。如果慢性發炎，無法修復組織，會以組織壞死（Necrosis）收場。

慢性發炎是大部分慢性疾病的共同起點

其實，許多慢性疾病看起來互不相干，也不像典型的發炎疾病，但現在已陸續證明和發炎有關，簡單來說，大部分慢性疾病就是失控的慢性發炎。如果以抗發炎的療法來處理，這些慢性疾病是可以預防或適度改善。

例如，心肌梗塞和腦中風，基本上可以看成血管的長期慢性發炎所導致的結果。老年失智症患者的大腦血管，其實和心臟的動脈粥狀硬化相當類似，表示原來大腦損傷與萎縮，也是由發炎引起。為數眾多的過敏和自體免疫疾病，就不用多說了，通通算慢性發炎，因為肥大細胞和嗜酸性白血球取代巨噬細胞，成為主要的細胞。慢性疲勞症候群、肌纖維炎、過勞死也和長期發炎有關。肝臟長期發炎，會導致肝癌，因為長期發炎容易導致細胞損傷與DNA突變。男女不孕，居然也和生殖器官構造的發炎有密切關係。

我們越了解發炎，就發現發炎是許多慢性疾病的共同病理機制，而往上游追溯，它的產生就是因為飲食錯誤、睡眠不足、情緒壓力、毒素氾濫、運動缺乏，這也就是我所謂的影響健康五大因素。所以，要逆轉各種慢性疾病的泛濫，我們必須了解發炎的機制，打破這個惡性循環，並且針對每一種疾病再做特別的處置。

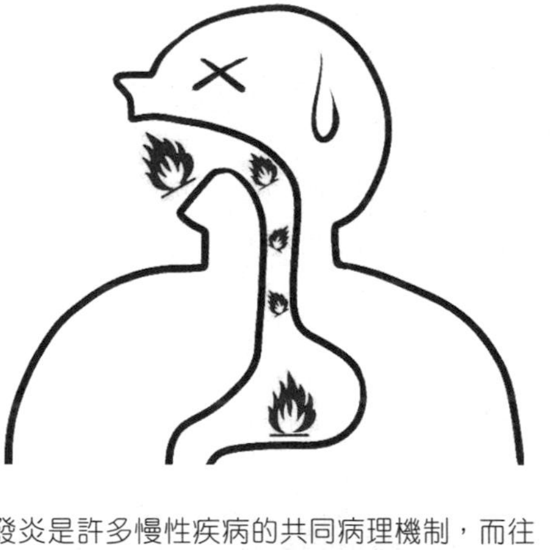

發炎是許多慢性疾病的共同病理機制，而往上游追溯，就是因為飲食錯誤、睡眠不足、情緒壓力、毒素氾濫、運動缺乏造成的。

飲食問題不改善，發炎當然容易失控

人類的健康，從熟食之後開始退化，最近幾十年，由於飲食錯誤和環境污染，再加上生活習慣越來越違反自然，慢性疾病罹患率在急遽攀升當中。美國二分之一人口會得癌症，三分之一會得糖尿病，目前三分之一已經肥胖或過重。台灣人的洗腎率世界第一、生育率全世界最低、心臟病和腦中風的罹患年齡越來越低、平均每幾分鐘就有一個人得癌症。中國大陸的經濟越成長，污染越嚴重，人民健康持續惡化，一代不如一代。

食物經過烹調，喪失了抗氧化功能

我遇到很多人，喜歡把蔬菜煮到熟爛才吃，真是可惜，大部分的抗氧化劑都變質了。一九九三年我在佛羅里達工作，隔壁的鄰居，用南方黑人常吃的一種芥蘭菜（Collard Green）和眉豆（Black Eye Bean），慢火二十五分鐘，煮一道傳統的南方黑人菜餚給我吃，都是素料，但竟然可以煮出鮮美的雞湯味道，令人印象非常深刻。

以營養的角度來看，這道美食雖然好吃，但養分破壞很多。後來我發現，十字花科的蔬菜越新鮮、營養越豐富，但煮到熟爛，卻有特殊風味。大家不妨實驗看看，簡單地把綠色花椰菜煮二十分鐘，就會煮出和生吃不同的風味。

反觀在美食流行的另外一頭，新的飲食主義已漸漸興起。最近幾十年，由於慢性疾病氾濫，世界先進國家紛紛掀起生機飲食的風潮，原因也是在此。不容否認，生食的確可以保持比較多的抗氧化劑在食物裡面。

除了烹調的問題，現代人由於科技進步、生活便利，各式各樣的污染層出不窮。不要說環境污染、黑心食物了，甚至連飲食裡面都充斥各式各樣農藥、化肥、食品添加劑，這些毒素都會導致自由基的氾濫、器官的衰退，一旦生了病，去醫院拿藥或去藥房買藥吃，更增加肝腎毒性，使得身體修復機制猶如雪上加霜。

現代飲食實在問題重重，連美國這樣一個富強先進的國家，人民的飲食卻非常偏差，比原始人還要不健康。為什麼呢？就是不應該吃的吃一大堆（例如氫化油、氧化油、精糖、人工色素、人工香料、化肥、農藥、人工激素等等），該吃的卻吃得很少（例如新鮮有機蔬果），食物比例嚴重錯誤，內容物非常不天然。原始人每天要吃下二・三公克的維生素C，

人類的健康，從熟食之後開始退化，最近幾十年，由於飲食錯誤和環境污染，再加上生活習慣越來越違反自然，慢性疾病罹患率在急遽攀升當中。

美國人只吃到〇・〇七公克。美國人嗜吃甜食，平均每個美國人一年要吃下一百七十磅（約七十七公斤）的糖，比體重還要重。這些壞習慣，其他國家也在快速學習模仿當中。

壞油充斥，等於吃進發炎的火苗

據統計，標準美國飲食（Standard American Diet）的熱量來源，有一半是脂肪。而且這個脂肪是以「氫化油」和「氧化油」居多。另外，動物油也是問題一大堆，很多人都輕忽它的影響力。

氫化油就是反式脂肪，我在《吃錯了，當然會生病！》已經再三警告，就不多說了。令人遺憾的是，世界各國的反式脂肪問題，目前還是泛濫成災。截至二〇一一年為止，美國超市和速食店並沒有全面禁止氫化油；台灣也是標示不清，氫化油食品到處可見；最近幾年，中國大陸氫化油的使用急起直追，因為全世界最大的氫化油工廠就蓋在中國江蘇。

氧化油，顧名思義，就是食用油經過高溫烹調之後氧化了，氧化之後的油充滿了自由基，吃下肚子，隨時要來氧化（也就是破壞）我們的身體組織。這就是我建議少吃油炸物的原因。基本上，一般食用油經過高溫烹調或長時間烹調之後，會產生大量的自由基與致癌物質。

食用油經過氧化之後，游離脂肪酸增加，在化學上稱為「酸價」提高。台灣已經規定，酸價超過二以上的食用油必須倒掉，換新油。試問，市面上多少炸薯條、炸油條、炸甜甜圈、炸臭豆腐、炸鹽酥雞的油鍋，老闆要求每天檢測，確實換油呢？

換油的成本很高，究竟有沒有換油，顧客並不知道，也不會追究，如果你是老闆，你會乖乖地換油嗎？在美國，很多中國餐館的老闆是我診所的病人，他們悄悄地告訴我，其實中國餐館的油是不換的。油鍋裡的油揮發了，就加新油下去，舊油還在鍋裡。有人以為不吃油炸物就安全了，餐館的老闆告訴我，他們廚師炒菜的油，是直接從油鍋裡面舀一勺起來炒菜的。所以，吃來吃去，不管顧客吃的是炸排骨或是炒青菜，都還是在吃那一桶「千年油鍋」裡面的油。

動物油的問題也是很多，但有一個基本的問題，就是花生四烯酸。花生四烯酸是一種促發炎的二十碳酸，普遍存在動物脂肪當中，吃進肚子後，容易使細胞膜產生第二系列前列腺素（例如 PGE_2、PDG_2、PGI_2、$PGF_{2\alpha}$ 等等），導致身體容易發炎、水腫、血壓升高等等。我會在【Part 2 保健篇】好好地來討論這個問題。

抗氧化劑是抗發炎、抗衰老、抗癌的救星

對現代人來說，促進身體發炎失控的「火苗」，無所不在。餐館裡、路邊攤、速食店、超市，各式各樣的熟食和油炸物充滿了自由基，但卻缺乏維生素C，就像乾旱的枯草地到處點燃了火苗，卻不見幾支滅火器。在如此危急與惡劣的環境之下，有沒有方法幫身體抗發炎、抗衰老、抗癌？有的，答案就是抗氧化劑這個偉大的救星！也就是說，萬一吃了太多熟食、吃到壞油，讓身體裡面到處火苗亂竄，為了避免傷害，我們必須使用滅火器，不時地去撲火。最簡便的方法就是大量攝取新鮮蔬果、或是現榨新鮮蔬果汁、或是抗氧化營養品，才能夠保護身體細胞膜和DNA免受氧化油自由基的傷害。

體內的「滅火器」，決定你的健康

從發炎好像「燒垃圾」的比喻來看，抗氧化劑就是體內重要的「滅火器」。整個「燒垃圾」的過程到底安不安全，會不會火燒燎原，關鍵就在於「滅火器」威力是否夠強；也就是說，一個人健康與否，決定在體內的抗氧化劑是否足夠。

如果我們多吃新鮮蔬果或是生食，就會從食物中攝取大量抗氧化劑，使自己免於受

到自由基的傷害。從細胞分子層面來看，自由基對細胞膜和 DNA 產生傷害，是一個人容易慢性發炎、提早衰老，甚至飽受慢性疾病、癌症等重症襲擊的最根本原因。

所以，**要讓身體該發炎就發炎、避免發炎失控、遠離慢性疾病、保持年輕、不得癌症，最基本的方法，就是避免自由基的傷害。要怎麼避免自由基的傷害，最重要就是要攝取足夠的抗氧化劑**。我出門在外，常常隨身帶一瓶「解藥」，萬一不小心或不得已吃到油炸物，我就吃兩顆解藥，可以避免自由基的傷害，這個解藥就是抗氧化劑營養品。這是無法吃到大量新鮮蔬果的權宜之計，同時也是慢性發炎的人要特別大量補充的。

除了隨時補充抗氧化劑、懂得紓壓保持愉悅心情之外，充足的高品質睡眠也很重要，如此一來，才可以讓體內的白血球有充分時間順利修補受損組織。尤其，身在電燈、電視、電腦、網路等科技充斥的時代，現代人的睡眠時間少得可憐，大部分人都欠了一大堆的睡眠債。睡眠缺乏，嚴重影響人體修復機制，身體會提早衰老與生病，也就不足為奇。

新鮮蔬果就是絕佳的抗氧化劑

前面說過，自由基喜歡把它所接觸的東西「氧化」，也就是去破壞細菌或損傷細胞的意思。而「抗氧化劑」，顧名思義，就是保護細胞或組織，免於受到自由基的氧化。與其讓自由基去氧化細胞膜或 DNA，不如讓這些蔬果的抗氧化劑來被氧化；因此，抗氧化劑有點「代罪羔羊」的意味。如此一來，就產生保護身體的作用。

上天創造了蔬菜、水果，裡面有各式各樣的抗氧化劑可以中和自由基，提供了人類抗氧化、抗老化、抗癌的最佳來源。

蔬果為什麼有大量的抗氧化劑呢？我們先來了解植物如何保護自己。大部分的植物需要行光合作用，透過陽光和二氧化碳，來產生澱粉（碳水化合物），一方面讓自己成長，另一方面把澱粉儲存起來，作為自己的養分。所以，植物需要陽光，但是陽光卻會帶來紫外線，紫外線會產生自由基，損傷植物的細胞，這一點很矛盾，怎麼辦呢？為了解決這個兩難的局面，植物很聰明，會製造很多的抗氧化劑，來保護自己不受紫外線自由基的傷害。

所以，當人類在吃蔬菜、水果的同時，除了吃到甜美多汁的水果肉、或是幫助排便的蔬菜纖維之外，其實更吃到了蔬果裡面大

植物富含大量抗氧化劑，是為了自己存活、免於紫外線傷害才製造的。當人類在吃蔬菜、水果的同時，除了吃到甜美多汁的水果肉、或是幫助排便的蔬菜纖維之外，其實更吃到了蔬果裡面大量的抗氧化劑。

量的抗氧化劑。當然前提是盡量生食，如果把蔬果煮到熟爛，很多抗氧化劑就被破壞了。不過，植物原本之所以富含大量抗氧化劑，不是為了給人吃而製造的，而是為了自己存活、免於紫外線傷害所製造的。我們人類則靠著吃植物的抗氧化劑，來保護自己。

接下來，我會在【Part 2 保健篇】仔細闡述：解決熟食困境的抗發炎飲食法、如何補充抗發炎營養素，以及正確的抗發炎作息與身心運動等現代人必備的健康新知。總之，想要不生病，就從打造抗發炎、抗氧化、抗老化、抗癌的強健身體開始！

Part Two 抗發炎檢測篇

抗發炎、抗氧化能力自我檢測

發炎，是人類九十%以上疾病的共同起點；想要掌握健康密碼，就必須先了解身體的抗發炎能力與已發炎程度。在此，提供簡易的唾液、尿液等發炎自我檢測，也介紹醫學上常用的多種抽血檢驗，讓你得知身體發炎的真實狀況，了解檢測背後的判讀原理，就可以未病先知、未病先防，永保健康不生病。

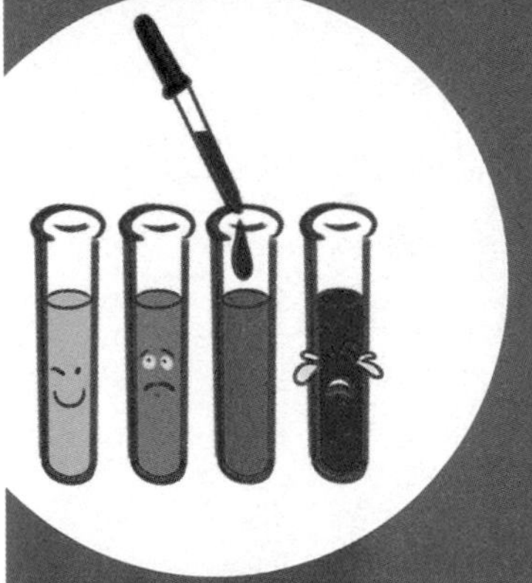

簡易的抗發炎能力檢測

在【Part 1 觀念篇】，我講解了為什麼身體要發炎，以及發炎失控之後，身體會產生什麼樣的變化。在本篇，我將詳盡討論各種方法，來偵測身體是否在發炎、身體的抗氧化或抗發炎的能力是如何？相信許多人對於抗發炎、抗氧化檢測非常陌生，但我認為這是了解自己健康的第一步，知道自己體內的狀況，就能有效預防疾病的產生。

俗話說：「知己知彼，百戰百勝。」想要守護健康身體，就應該徹底了解自己的健康狀態。如同我再三強調的，發炎失控顯然已經是現代人的百病之源，當然就要先檢查一下自己的抗發炎或抗氧化能力是如何。市面上，已有幾種非侵入性的檢測可以讓你在家自行操作（DIY），例如從尿液中輕鬆測出身體基礎發炎程度的自由基尿液檢測、透過唾液了解身體體質狀態的唾液酸鹼值測試。

當然，經由抽血也能進一步了解身體的發炎狀態，例如二十碳酸的血液檢查、血液常規檢查（CBC）兩者都是物超所值的基礎發炎檢測；CRP和hsCRP抽血檢測，堪稱是明確又戲劇化的發炎檢測；ALT、AST抽血檢測是肝臟發炎、胰臟炎、心肌炎等疾病的發炎關鍵指標；RF 抽血檢測則是了解類風濕關節炎、膽管纖維化、白血病等疾病的發炎參考指標。

最不具侵入性、最準確的基礎發炎程度檢測

自由基尿液檢測

在介紹自由基尿液檢測（MDA Urine Test）之前，我先簡單說明自由基與發炎之間的關係。眾所周知，自由基（Free Radicals）是傷害身體、促進發炎、造成老化、誘發癌化的罪魁禍首。我在【Part 1 觀念篇】反覆強調，自由基是橫衝直撞、不長眼睛的流彈，一不小心，就會誤傷我們自己的身體。所以，身體組織中、血液中、尿液中的自由基濃度應該越低越好；但是，油炸食物、蔬果攝取不足、壓力太大、體內病菌或念珠菌活躍、人工西藥、環境毒素、重金屬污染、紫外線照射、輻射線等等，卻都會造成體內自由基過多。

當自由基攻擊我們體內細胞膜上的多元不飽和脂肪（Polyunsaturated Lipids）的時候，會產生一種氧化的產物，稱為丙二醛（Malondialdehyde，簡稱 MDA），丙二醛的活性很強，而且有致癌性，所以，我們只要測一下尿液裡面的丙二醛，就知道身體細胞被自由基破壞的情況。從尿液中測丙二醛比從血液中測準確很多，而且不必抽血，一舉兩得。也就是說，自由基尿液檢測是當今檢測體內自由基濃度和氧化壓力（Oxidative Stress）最不具

侵入性，而且最準確的方法。

如何檢測呢？非常簡單，首先要購買一套檢驗器具與藥水。先拿一個乾淨的杯子，把一些新鮮尿液收集在裡面（最好是早上起床第一泡尿），然後用吸管吸取一C. C.的尿液，將這一C. C.的尿液滴入安瓶中（安瓶裡面裝有藥水測試液），五分鐘以內，藥水測試液會有顏色變化，和對照表相比，就可以知道體內自由基的濃度。

從自由基濃度得知的健康狀態一覽表

自由基濃度	健康狀態
自由基正常	身體狀況不錯，請繼續保持。
自由基輕度	睡眠要充足、蔬果要多吃，建議二週後再測。
自由基中度	是不是常熬夜、常吃油炸物、壓力是不是太大？除了改善睡眠和飲食之外，建議補充抗氧化劑維生素C、生物類黃酮和其他植物生化素。
自由基重度	不健康情況非常嚴重，身體可能已經開始有問題了，除了補眠、調整飲食，和補充一般抗氧化劑之外，建議補充強力抗氧化劑，例如天然硫辛酸。

自由基尿液檢測步驟圖示

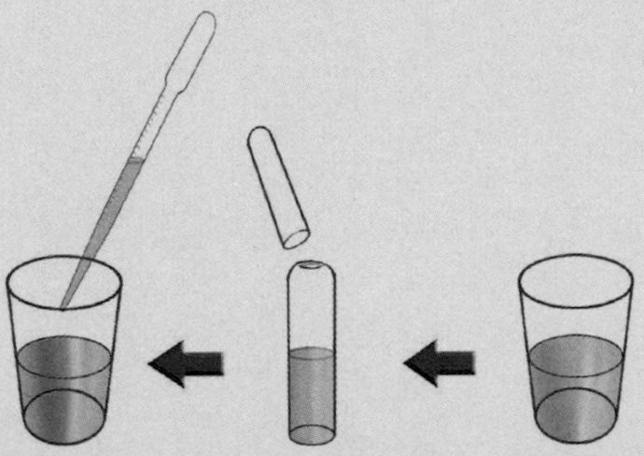

❶收集早上起床第一泡尿，放在乾淨的杯子裡。

❷將裝有藥水測試液的安瓶打開（拇指和手指用力輕折即可）。

❸吸管吸取一C.C.的尿液。

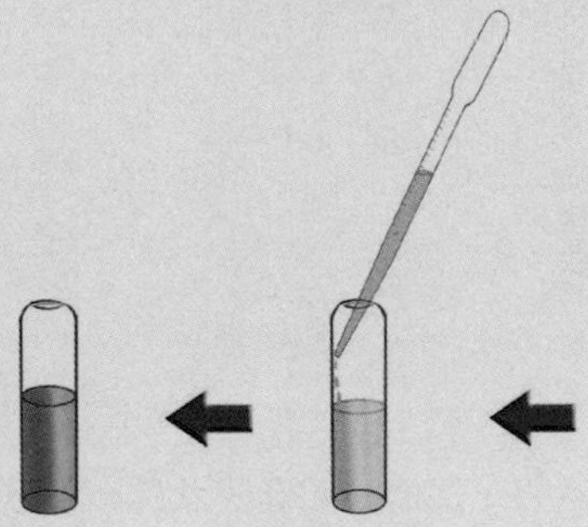

❹將尿液滴入裝有藥水測試液的安瓶中。

❺等五分鐘，觀察安瓶藥水測試液的顏色。

結果說明：尿液滴入安瓶藥水測試液之後，藥水測試液顏色由淺而深可區分為四種顏色，檢測器具會附上自由基濃度顏色對照表，通常顏色越深，代表體內的自由基濃度越濃，當然就越不健康。

小提醒：自由基尿液檢測的檢驗器具與藥水，可到醫療器材行洽詢購買。

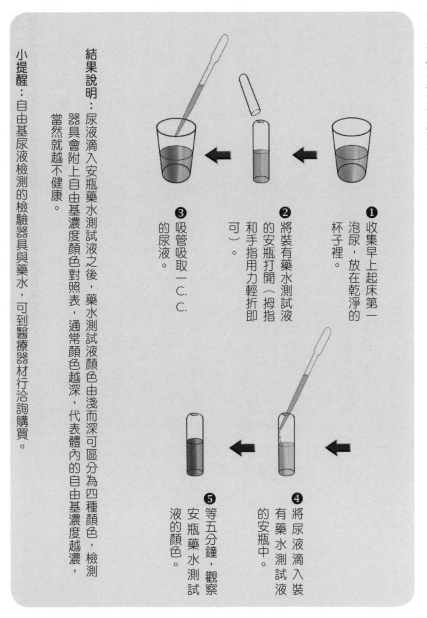

二十碳酸的血液檢查

二十碳酸當中的花生四烯酸（AA）是促發炎的物質，二十碳五烯酸（EPA）和二十二碳六烯酸（DHA）是抗發炎的物質，可參見《吃錯了，當然會生病！》第一三一頁。因此，美國的希爾斯博士（Barry Sears, PhD）提出，我們可以檢查血液中AA和EPA的比值，來判斷一個人是否容易發炎、罹患慢性疾病。

日本人是全世界最長壽的民族，截至二〇一一年為止，日本男性平均壽命為八十歲，日本女性為八十三歲，日本人如此長壽的原因之一，是飲食中含有比較多的魚類和藻類，而這兩種食物裡面的EPA含量較高，而抽血檢查也同步顯示，日本人的AA/EPA平均值為一．五，這是很漂亮的數值。

根據希爾斯博士的統計，AA/EPA在一．五是最理想的，越高越不好，如果大於十五，那這個人肯定已經罹患慢性疾病。不過也別緊張，透過補充EPA，可以把比值調降下來，身體的發炎疾病也會因此而慢慢逆轉。

AA/EPA 比值得知健康狀態一覽表

AA/EPA 比值	健康狀態
＞ 15	已經罹患慢性疾病。
10	健康情況差，即將罹患慢性疾病。
3	健康情況還可以。
1.5	健康情況良好。

如果一時不方便抽血檢測AA/EPA，或找不到做這種檢測的實驗室，希爾斯博士建議可改用TG/HDL來做推測。TG是三酸甘油脂（Triglyceride），HDL是高密度脂蛋白（High-Density Lipoprotein）。

根據希爾斯博士的建議，只要每天開始吃二・五公克的Omega-3脂肪酸，這劑量差不多等於十二・五毫升的高品質魚油或海豹油，將近一大匙（1 Tablespoon = 15mL），一個月之後，再做AA/EPA檢測來看看效果。如果比值降到一・五到三之間，表示服用的劑量非常合適，那就繼續吃下去，健康一定會改善。如果比值還是大於三，那麼為了療效，建議增加劑量，最多可增加一倍的劑量。這是一個很科學、很客觀的方式來監測飲食中的Omega-3脂肪酸是否足夠，而不用瞎猜。

很多人經過仔細計算之後，會發現平時補充的魚油或海豹油膠囊劑量太低，難怪療效不明顯。因此，我建議有抗發炎需求的人，應該服用液態瓶裝的亞麻仁油、魚油或海豹油，比較經濟實惠。

TG/HDL比值得知健康狀態一覽表

TG/HDL比值	健康狀態
＞4	已經罹患慢性疾病。
3	健康情況差，即將罹患慢性疾病。
2	健康情況還可以。
1	健康情況良好。

不抽血、不驗尿，用唾液酸鹼值輕鬆得知身體發炎程度

唾液酸鹼值測試

還有一個不用抽血、不用驗尿的間接方法，只要三秒鐘就可以大概知道身體發炎的傾向，那就是唾液的酸鹼值測試。正常的唾液，應該呈現弱鹼性，也就是pH酸鹼值應該在七・〇至七・六之間。但是，由於現代人飲食偏差、作息失常、壓力太大，導致體內酸性代謝廢物累積，組織液呈現酸性。由於酸性代謝廢物累積容易使身體發炎，而發炎更會產生許多酸性代謝產物，使得組織液變得更酸，如此形成惡性循環。

唾液的酸鹼值和組織液接近，所以檢測唾液是一種方便、非侵入性的好方法。檢測方法很簡單，首先要取得一份高感度的酸鹼試紙，撕一小段約兩公分，將唾液吐一點在湯匙上，用試紙去沾唾液，隨即取出，在三秒鐘左右判讀試紙顏色的變化。如果數值在七・〇至七・六之間，恭喜你，呈現弱鹼性。如果pH五・五至六・二之間，表示身體很酸，很有可能正在發炎。如果pH八，有可能是真鹼性，但更有可能是假鹼性。

至於如何分辨真假，或是如何用檸檬挑戰和大魚大肉測試，以得知更精確的身體狀況，請詳見《pH 7.2解開你的體質密碼》。

唾液酸鹼檢測步驟圖示

❶餐與餐之間空腹時，吐一至二C.C.唾液於湯匙中。測試前一小時勿進食，以免影響準確度。

❷取得一份高感度的酸鹼試紙，撕一小段約二公分。

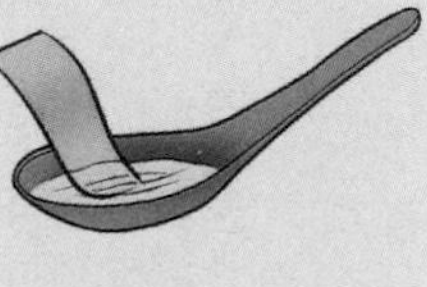

❸用試紙去沾唾液，隨即取出。

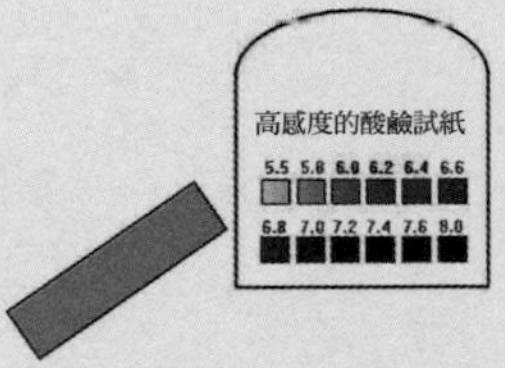

❹三秒鐘左右判讀試紙顏色的變化。

結果說明：數值若pH五．五至六．二之間，表示身體很酸，很可能正在發炎。數值若在七．〇至七．六之間，呈現弱鹼性，代表抗發炎能力足夠，健康情況還不錯。

小提醒：唾液酸鹼檢測用的石蕊試紙，建議購買美國製或日本製的高敏感度石蕊試紙。石蕊試紙會有從淺黃（酸性）至深藍（鹼性）的十二種顏色變化，數值分別為五．五、五．八、六．〇、六．二、六．四、六．六、六．八、七．〇、七．二、七．四、七．六、八．〇。

醫學上常用的發炎程度檢測

在精確檢查每種疾病之前，有一些比較粗略的、大方向的發炎檢查，建議必須先做。做這些大方向的檢查，一方面可以先釐清發炎的嚴重度，二方面可以預估接下來要繼續做哪一方面的細部檢測，如此的檢測流程會比較節省費用，也比較有頭緒。我們可以把這類的大方向檢查，也看作是篩檢，至於細部的檢查，則是輔助醫師診斷之用。

前面介紹的抗發炎能力檢測，都是比較簡單、大略性的篩選方法，以下就來介紹一些正統醫學上常用的檢驗方法，這些方法大部分都屬於健保的給付範圍，如果你的身體有相關狀況，醫師也常常會建議做類似的檢測項目。

由於慢性發炎非常複雜、千變萬化，有些甚至以非發炎的面貌呈現，所以如果要精確診斷，可能要針對慢性發炎所演變成的疾病來做檢測，例如過敏要偵測免疫球蛋白抗體 IgE 和 IgG，肝炎必須檢測病毒數與抗體，消化道必須做內視鏡或顯影劑攝影，心血管疾病可以做心電圖與運動超音波，男女不孕則必須檢查內外生殖器官等等。

接下來，我就來詳細說明如何用抽血得知身體發炎程度的 CBC、CRP 和 hsCRP、

AST和ALT、RF等四種抽血檢測，相信可以幫助大家了解醫學上如何判讀這些數值，藉此進一步了解身體的健康情況。

最重要、最物超所值的基礎發炎檢測

血液常規檢查（CBC）

要檢測身體是否處於發炎狀態，最重要、最物超所值的檢測就是血液常規檢查，也稱全血檢查。這是每年健康檢查必備的項目，為什麼說物超所值呢？因為，這是一個成熟的檢驗，每個檢驗所和醫院都會有，非常普及，所以價格便宜。在台灣，花費不到台幣五百元，但是卻可以看到血液中各種血球的基本數據。

血液常規檢查的英文原文是全血細胞計數（Complete Blood Count，簡稱CBC），顧名思義就是計算血液中紅血球、白血球、血小板的數目，藉此來偵測身體有什麼異常之處。

【紅血球】太少可能有貧血

紅血球的主要功能是輸送氧氣和少許二氧化碳。成年人正常值男性是四・二至五・四百萬/mm³，女性三・六至五・〇百萬/mm³。如果紅血球數目太低，表示身體可能有貧血，如果太高，可能是骨髓的問題或其他疾病。

【白血球】太多表示身體在發炎

白血球的主要功能是保護人體不受細菌、病毒、寄生蟲等外來物的侵犯，也負責清除受損組織以及攻擊癌細胞等等，也就是人體內的軍警部隊。成年人正常值五千至一萬／mm^3。如果白血球總數過高時，最常見的原因是有感染或發炎；如果太低，有可能是長期感染、骨髓問題、重金屬中毒、放射線或藥物影響所造成的。

除了看白血球總數以外，其實血液常規檢查還會有各種白血球的個別數據。白血球既然是人體中的軍警部隊，那麼它們也就像真正的軍人和警察一樣，分成不同的軍種或類別，以達到不同的任務分配。仔細檢查各種白血球的數量，可以進一步幫我們釐清身體裡面到底發生了什麼事。一般來說，白血球分為以下幾大類：

- **嗜中性白血球：**當身體在急性發炎或感染時，嗜中性白血球（Neutrophils）會突然變很多，因為身體靠它們直接吞噬微生物。好比在戰爭時，第一批派遣的是海軍陸戰隊，去搶灘陣地，這是在第一線激烈肉搏戰的士兵，非常驍勇善戰。
- **單核球：**單核球（Monocytes）是在慢性發炎時的主要細胞，可以「進化」成巨噬細胞（Macrophages）。巨噬細胞就是發炎時第二批派遣的軍種，也就是步兵，在海軍陸戰隊占領陣地之後，繼續長驅直入，和敵人作戰。肥大細胞（Mast Cells）也是由單核球演變過來，負責身體的過敏反應。
- **淋巴球：**淋巴球（Lymphocyte）的身分就很複雜，而且身兼情報（分辨外來物或癌細胞）、遠距攻擊（分泌抗體）、調度（召集其他白血球）等等多重功能，是充滿智慧的戰士，也是愛滋病病毒（HIV）攻擊的首要目標，這也就是為什麼受愛滋病病毒攻擊會造成全身免疫系統癱瘓。

● **嗜酸性白血球：**嗜酸性白血球（Eosinophils）專門對抗寄生蟲和黴菌，也可以引發「過敏」，所以當身體有寄生蟲、黴菌感染或過敏時，這種細胞會增多。

● **嗜鹼性白血球：**嗜鹼性白血球（Basophils）可以分泌化學物質，營造有利「發炎」的戰場環境，也與過敏有關。

【顆粒性白血球】太多表示壓力太大、黏膜脆弱

另外，白血球可以粗分為「顆粒性白血球」和無顆粒的「淋巴球」，通常血液常規檢查會把這兩種分類做一個數字比例，例如顆粒性白血球大約占六十至七十％，而淋巴球大約占三十至四十％，如果一個人無明顯疾病，而顆粒性白血球的比例偏高，很有可能此人的壓力偏大、交感神經過於亢奮，這樣的情況，容易導致身體發炎，尤其是黏膜。

因為交感神經亢奮會刺激顆粒性白血球的增生，而血球都有它的壽命，死亡後的顆粒性白血球會釋放顆粒，而這些顆粒就是第四十四頁提到的溶酶體，裡面還有破壞性極強的自由基。當死在黏膜上的顆粒性白血球將自由基釋放出來，就會毀損黏膜，造成黏膜發炎。這是壓力過大時，造成胃潰瘍和口腔潰瘍的最重要機制，也是最容易被一般人

忽略的生理反應。

【血小板】出現異常也可能和發炎有關

血小板（Platelets）不是完整的細胞，而是細胞的碎片，但也可計數。正常值為十四萬至四十萬/mm^3。血小板負責傷口的止血反應，過低會造成容易流血不止，原因很多，包括紫斑症、貧血、感染、癌症的放化療、酗酒、腎功能不足等等。如果太高，有可能是骨髓問題、缺鐵型貧血、自體免疫疾病（例如類風濕性關節炎和紅斑性狼瘡）、癌症、慢性消化道發炎、腎衰竭等等。

陳博士小講堂

ESR 可用於偵測發炎，但不如 CRP 靈敏

以前的「血液常規檢查」常會加驗「紅血球沉澱速率」（Erythrocytes Sediment Rate，簡稱 ESR）。當身體在發炎的時候，血液中的纖維蛋白原（Fibrinogen）會增加，因而使得紅血球容易凝結，如此，就會造成紅血球快速沉澱。

所以，紅血球沉澱速率增加，表示身體處於發炎狀態，不過這個檢測比較會延遲，例如在急性發炎的二十四小時內，ESR 還是正常，但「C反應球蛋白」（CRP）

已經上升了。當治療成功時，CRP很快回到正常值，但ESR則很慢。所以，臨床上，CRP會比ESR來得敏感（Sensitive），是比較精準的判斷依據。

最明確、最戲劇化的發炎檢測

CRP 和 hsCRP 抽血檢測

在【Part 1 觀念篇】已經談過，心血管疾病用「C反應球蛋白」（C-Reactive Protein，簡稱CRP）來預測風險，比用膽固醇準確太多了，其實，除了預測心血管疾病風險之外，對所有的急慢性發炎疾病來說，CRP是一個非常好用、相當敏感的指標。CRP是血液中的一種蛋白質，正常人的血液中應該是不存在的，但是當身體發炎或感染時，巨噬細胞或脂肪細胞就會產生細胞激素IL-6，以刺激肝臟合成CRP，所以我們就可在血液中偵測到，用它來判斷發炎是否存在以及有多嚴重。

CRP是身體發炎最明確、最戲劇化的指標，當身體發炎或感染時，它可在六小時內就升高，在二十四小時達到巔峰，最高可達五萬倍之譜，而當發炎消退或感染治癒時，CRP則很快消失。

正常人的血液中，CRP值應該為零，隨著年紀老化可能會增加一點點。如果CRP值是十至四十 mg/L，有可能是輕微發炎、病毒感染，或是懷孕後期才會出現。如果CRP值是四十至二百 mg/L，有可能是急性發炎或細菌感染；若大於二百 mg/L，可能是嚴重的細菌感染或燒燙傷。

剛才說過，正常人的 CRP 值應該為零，但事實上，實驗室 CRP 的偵測值範圍為十至一千 mg/L，那麼，低於十 mg/L 要怎麼測呢？這時候，就必須要用「高感度的 C 反應球蛋白檢測」（High Sensitivity C-Reactive Protein，簡稱 hsCRP），hsCRP 可以靈敏到〇．〇四 mg/L。在台灣，CRP 是健保給付項目，但 hsCRP 就必須自費。

如果 CRP 是陽性（也就是大於十 mg/L），可能是風濕熱、類風濕關節炎、心肌梗塞、癌症、急性感染、手術完四天內等等發炎問題。近年研究顯示，CRP 比較高的人比較容易得到糖尿病、高血壓、心血管疾病、大腸癌。但是，也不一定所有的發炎疾病都會使 CRP 升高，例如硬皮症（Scleroderma）、多發性肌炎（Polymyositis)、皮肌炎（Dermatormyosis），幾乎不會使 CRP 升高，而系統性狼瘡（SLE）如果沒有導致滑囊炎，也不會誘發 CRP。

肝臟發炎、胰臟炎、心肌炎等疾病的發炎關鍵指標

AST、ALT 抽血檢測

一般的健康檢查，通常會包含肝功能指數血清麩草酸轉胺酶（Aspartate Transaminase，簡稱 AST，舊稱 GOT）、血清麩丙酮酸轉胺酶（Alanine Transaminase，簡稱 ALT，舊稱

GPT）。兩者的正常值通常都在四十 U/L 以下，若超過四十可能表示肝臟發炎、胰臟炎、心肌炎、嚴重燒燙傷、休克等等。

要特別聲明一點，本章所提到的正常值範圍參考值，會受到不同儀器、不同統計數字影響而有所差距。例如，在不同的檢驗所、不同醫院、不同國家，正常值會有所不同，讀者應該以檢驗報告的參考值為主，不可拘泥於本書所提的數據。

當肝細胞壞死或心肌梗塞之後，細胞會釋放出特殊的酵素（AST、ALT）到血液中，所以當血液檢測出這兩個數值升高時，表示肝細胞或心肌細胞有可能在發炎。有經驗的醫師，可以從這兩個指數的比值，加上其他檢測，初步判定不同的疾病，例如 AST：ALT 大於二：一可能是酒精性肝炎或肝癌轉移，AST：ALT 大於一：一可能是病毒性肝炎、急性肝損傷或膽管阻塞。

值得特別注意的是，當肝細胞壞死殆盡時，已經沒什麼活細胞可以再釋出酵素了，所以 AST 和 ALT 的數值會降下來，甚至「恢復正常」，但是其實問題已經非常嚴重了。另外，肝癌初期肝細胞並不會壞死，指數也不會升高。所以，並不能夠完全看這兩個數值來斷定肝的好壞，必須配合其他檢驗，例如 CRP、ALP、GGT、AFP、腹部超音波等等。

RF 抽血檢測

很多類風濕性關節炎的患者血液中，可以檢測出來一種特殊的抗體，叫做類風濕因子（Rheumatoid Factor，簡稱 RF）。正常值應該在三十九 IU/mL 以下。類風濕因子除了常見於類風濕關節炎的患者之外，還會出現在慢性肝炎、膽管纖維化、慢性病毒感染、細菌性心肌炎、肺結核、梅毒、白血病、皮肌炎、全身性硬化、紅斑性狼瘡、乾燥症、傳染性單核白血球增多症等等。

所以，RF 並不局限於類風濕性關節炎的患者才有，這點要注意。而且更複雜的是，並不是類風濕性關節炎患者都會有 RF 升高的現象。聽起來 RF 好像不能證實任何疾病，但身體就是這麼複雜，RF 本身只是一個僅供參考的發炎指標，必須要配合其他指標和臨床診斷，才具實際意義。

Part Three 抗發炎保健篇

全方位抗發炎的健康新知

抗發炎的健康祕笈大公開，教你打造抗氧化、抗衰老、抗癌化的強健身體！包括：獨創的「生熟一比一，健康最底限」、健康飲食最高機密「食物四分法」；補充高品質維生素C、植物生化素、好的二十碳酸、天然硫辛酸等抗發炎營養品；以及養成正確的生活作息、規律的身心運動等等。

抗發炎關鍵，改變錯誤的飲食習慣

人類自從發現了火，從生食改為熟食之後，從此就開始踏上錯誤飲食的不歸路。我們曾經提到貓吃生食可以健康長壽，但吃熟食之後卻疾病叢生。猩猩和人類一樣，是地球上少數不能自行合成維生素C的動物，所以每天必須從食物當中，攝取二至六公克的維生素C。而人類呢？遠古人類平均每天要攝取二．三公克維生素C，但現代的美國人每天只攝取〇．〇七公克。

現代飲食中維生素C嚴重不足，只是冰山一角，這不過是新鮮蔬果嚴重不足的一個現象而已。此外，蔬果當中還有水溶性纖維、植物生化素等等，這些重要的營養素如果跟著吃不夠，健康會不會走下坡呢？

人類是雜食的動物，從牙齒的比例就可看出來。人類大部分牙齒是用來磨碎穀物的臼齒，只有四顆是用來撕裂生肉的犬齒，但是，由於肉類燒烤之後的味道實在太誘人，現代人有錢之後，不知不覺中，肉吃得越來越多，而且是用油炸燒烤這類高溫烹調居多，更不健康。

如果肉不能吃太多，那麼，就多吃一些飯或麵食可以嗎？埃及帝國滅亡的原因，有美國學者認為是因為吃太多麵包，導致體力衰退所造成。澱粉類食物經過烘培之後，產生的梅納反應（見第二十三頁熟食六大問題），香氣誘人，和烤肉的誘惑不相上下，每天吃下好幾磅麵包的埃及士兵，血糖不穩定，體能衰退，越來越胖，甚至得糖尿病，怎麼有體力去打仗呢？而台灣很多人血糖不穩，當然也是澱粉吃太多、睡眠不足、壓力大，又不運動所造成。

這個不能吃太多，那個又吃太少，那到底要怎麼吃呢？為了這個問題，美國的營養學家已經研究了一百多年，尤其美國農業局（United States Department of Agriculture，簡稱USDA）更是責無旁貸，每隔一段時間，就會提出一個飲食模型，建議美國人遵守，世界其他各國也就跟著馬首是瞻，跟著倡導。

以下，我整理出一八九四年至二〇一一年「美國農業局公布的食物模型一覽表」（見第九十頁），讓大家了解一百多年來美國飲食準則的演變走向。

美國農業局公布的食物模型一覽表（一八九四年至二〇一一年）

時間	簡要說明	食物模型圖示
一八九四年【倡導食物多樣化】	第一個美國農業局提出來的飲食準則，由實驗站主任艾瓦特博士（Wilbur Atwater）寫在《農夫公報》（Farmers' Bulletin）裡面。一九〇四年，艾瓦特博士更在其著作《營養原則與食物的營養價值》提倡要注意食物的多樣化、比例、熱量、高營養食物，少吃油脂、糖、澱粉。 在那個年代，維生素還沒有被發現出來（第一個維生素於一九一〇年發現），但書中已提到，若非特別注意挑選食物，一般人很可能會偏食或營養失衡，例如蛋白質吃太多，或碳水化合物和脂肪吃太多。吃太多的壞處可能不會馬上被察覺，但不久之後就會顯現出來，例如身上長肥肉，或是體力衰退，或是真正罹患疾病。	無圖示
一九一六年【食物分五大類】	在一九一六年，新的準則出爐，把食物分成五大類：牛奶和肉、喜瑞爾（Cereals）、蔬果、油脂、含糖食物。	無圖示
一九三三年【食物分四等級】	由於經濟大蕭條，美國農業局在一九三三年將食物依價格分為四個等級。	無圖示
一九四〇年代【基本七種食物】	一九四三年，正值第二次世界大戰，美國實施食物配給，將食物分為七大類。第一類：黃綠色蔬菜；第二類：柑橘、番茄、葡萄柚；第三類：馬鈴薯及其他蔬果；第四類：牛奶、奶製品；第五類：肉、禽肉、魚、蛋；第六類：麵包、麵粉、喜瑞爾；第七類：奶油、乳瑪琳。 這樣的分類其實非常複雜，而且相當不合理。不過當時有一句口號我覺得不錯：「為了健康，每天，在每一類裡面吃一些食物……」（For Health…Eat some food from each group……everyday.）	A Guide to Good Eating (Basic Seven) 

一九五六年至一九七〇年代【基本四種食物】

到了一九五六年，把七類食物改為奶類、蔬果類、肉類、穀物麵包類這四大類，稱為「Basic Four」，這個分類簡單多了，因此很快就推廣到全美國的中小學，甚至世界其他國家也以此來做飲食教育。不過這個飲食準則，並沒有提到要吃多少油脂、糖、和熱量。

Food for Fitness, A Daily Food Guide (Basic Four)

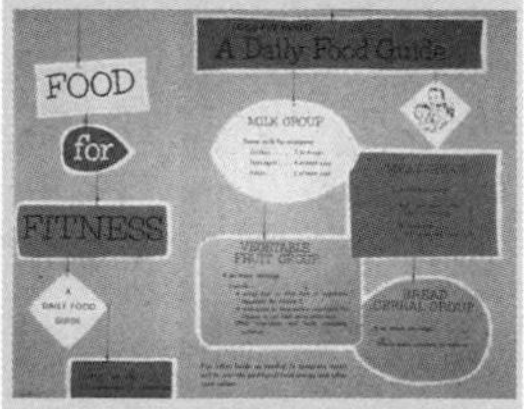

一九七九年【「不麻煩」每天食物準則】

推出了「不麻煩」每天食物準則，加了第五類食物，也就是油脂、糖、酒。

Hassle-Free Daily Food Guide

一九八四年【食物轉輪】

推出食物轉輪，這時很明顯已經有五大類食物。

Food Wheel: A Pattern for Daily Food Choices

一九九二年【食物金字塔】

推出現在大家很熟悉的「食物金字塔」，清楚圖示每一類食物的分量和比例。這個金字塔我個人認為有兩大問題：第一個問題是澱粉類食物太多，現代人由於運動缺乏，如果這樣吃，很容易造成中廣身材、肥胖、血糖不穩、糖尿病、代謝症候群等問題。第二個問題是每一種食物的份量計算，非常複雜難記，我的臨床經驗是幾乎沒有幾個病人可以搞清楚，甚至很多營養師或醫師也記不起來。

Food Guide Pyramid

二〇〇五年【我的金字塔】	推出「我的金字塔」，加了一個人在爬樓梯的圖示，表示運動的重要性。另外，把食物分類簡化為六條不同顏色的色帶，但是，這也未免太簡化了，讓人搞不清楚什麼顏色代表什麼食物。	MyPyramid Food Guidance System 
【我的金字塔】修訂版	隨後又修訂成下方的圖示，把各種食物通通畫出來，擺在地上。這樣看起來又太複雜了。總之，從我的角度來看，沒有一個圖示或準則是既正確又方便的。	
二〇一一年六月【我的餐盤】	美國農業局終於推出一個比較容易理解和使用的圖示。很「巧合」地，和我在二〇〇三年的發明且在美國與台灣大力推廣的「食物四分法」幾乎如出一轍。	MyPyramid 

資料來源：美國農業局（United States Department of Agriculture，簡稱 USDA）

陳博士「食物四分法」vs 美國農業局「我的餐盤」

美國農業局在一九九二年頒布「食物金字塔」，但是這種計算食物份數的方法非常不實用，而且從我的角度來看錯誤百出。所以，我在二〇〇三年，就發明了「食物四分法」，讓我的病人只要花一秒鐘，就知道吃得對不對，而不用去計算熱量或什麼食物一天要吃幾份。到了二〇〇五年，美國農業局頒布了新版的「食物金字塔」，但還是讓我很失望，因此我決定將我的「食物四分法」大力宣導，從我的美國診所專用，轉到大眾演講，甚至從二〇〇六年開始，陸續寫入系列著作裡面。

到了二〇一一年六月，美國農業局發表最新的飲食建議，完全拋棄以前的健康金字塔，而改用「我的餐盤」（My Plate）。不再斤斤計較一天要吃幾份蔬果或肉類，而改用一種直覺的四分法。這次公布，讓人著實嚇了一跳，因為和我在美國和台灣一直大力提倡的「食物四分法」，幾乎是一個模子刻出來的。我在二〇〇六年、二〇〇七年、二〇〇八年出版的三本著作，都大力宣導「食物四分法」的重要。

「我的餐盤」一公布，現任美國第一夫人就對它讚譽有加，「對於忙碌的家庭來說，這是一個相當棒的工具，而且小孩也看得懂。」她說：「還有比這個餐盤更簡單的嗎？」看到這裡，我心裡有深刻的感觸，這就是我二〇〇三年原創這個「食物四分法」的最初動機：要簡單、要連小孩都懂、都會執行。

我原創的「食物四分法」和美國農業局的「我的餐盤」最大的差別，就在於那旁邊的一小盤奶製品。基本上，我是不鼓勵吃奶製品的，牛奶的問題多多，而且華人體質大多不適合牛奶。在「食物四分法」裡面，油脂是隱藏的食物，並未標示出來，可以在肉類裡面，也可以額外拌在蔬菜裡面，拌飯也不錯，好吃又健康。如果標示會更清楚的話，美國農業局「我的餐盤」那一個裝奶製品的小圓圈，用來裝油則剛剛好。

食物四分法

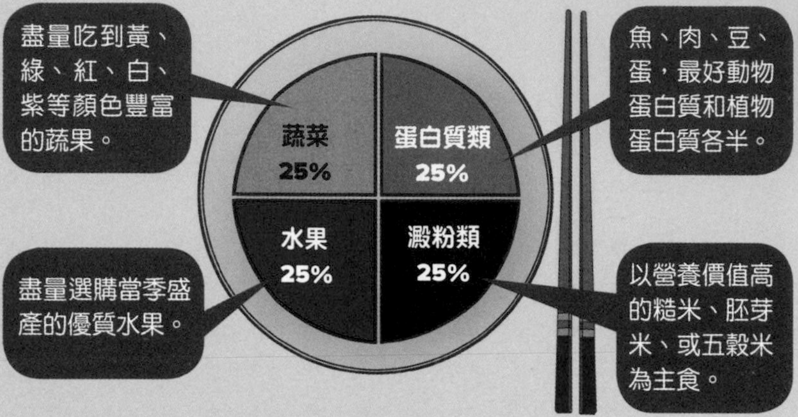
盡量吃到黃、綠、紅、白、紫等顏色豐富的蔬果。
蔬菜 25%
蛋白質類 25%
魚、肉、豆、蛋，最好動物蛋白質和植物蛋白質各半。
水果 25%
澱粉類 25%
盡量選購當季盛產的優質水果。
以營養價值高的糙米、胚芽米、或五穀米為主食。

2006 年，我在《吃錯了，當然會生病！》一書中倡導的健康飲食比例「食物四分法」，淺顯易懂，執行上也不需要食物換算。特別要注意的是，如果澱粉類不是來自較有營養價值的糙米、胚芽米、或五穀米，而是白米的話，比重必須再少一點。另外，蛋白質來源為魚、肉、豆、蛋，最好能一半來自動物性來源，一半來自植物性來源。

我的餐盤

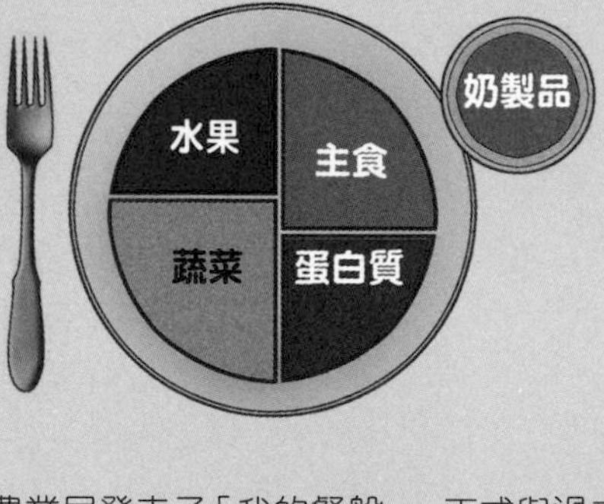
奶製品
水果
主食
蔬菜
蛋白質

2011 年 6 月美國農業局發表了「我的餐盤」，正式與過去「食物金字塔」告別。額外的叮嚀為：均衡的熱量、選擇糙米、全麥等未精製澱粉類、選擇低脂乳製品、蔬果應占餐盤一半、低鈉、多喝水，少喝含糖飲料。

「食物四分法」：健康飲食的最高機密

基本上，我們可以從生熟比例、酸鹼比例、營養成分、牙齒比例、血糖穩定、抗氧化，以及體重管理等等很多不同角度，來闡述這個「食物四分法」為什麼是當今最棒的食物準則，看似極簡，但卻是現代人健康飲食不為人知的最高機密。

美國農業局自從在二〇一一年六月公布「我的餐盤」（My Plate）以來，至今並沒有解釋這樣的四分法有什麼好處，也沒有交代他們是如何研發出這個四分法的，這是兩個很神祕的點。基於我是「食物四分法」的原創者，我覺得有責任與義務，要把四分法對健康有什麼好處，仔細向大眾解釋清楚。

接下來，我將「食物四分法」的七大健康理由逐一分析給大家知道，你就會發現簡單易行的「食物四分法」，背後其實具有深厚的營養學、自然醫學、生物學、人類學等基礎做後盾。

「食物四分法」的七大健康理由

理由一：從生熟比例的角度來看

熟食是人類的原罪，是難以改變的習慣。熟食的六大問題（見第二十三頁），是造成慢性疾病氾濫的重要原因。既然現代人無法避免熟食，那麼，我們只好盡量提高生食的比例。

大家都有到「吃到飽餐廳」吃到肚子發脹的經驗吧！下次，不妨做一個實驗，保證你會相信，為什麼**「生熟一比一」**，是**「健康最底限」**。在吃下一大堆熟肉、熟澱粉、熟點心的同時，請你也同時吃下相同份量的新鮮生菜與水果。就這樣吃，不管你吃得多飽，你會發現，肚子還是很清爽，不會發脹難受，更新奇的是，三、五個小時之後，感覺消化很順暢。如果你沒有吃同等份量的生菜與水果，過了五個小時之後，肚子還是在發脹，甚至接下來一兩餐都不想吃東西。

從這個實驗我們可以知道，如果在每一餐裡面，把生食比例提高到和熟食一樣，那就可以差不多抵銷熟食的問題。一般來說，能生吃的食物，通常是蔬菜、水果。要煮熟的食物，常常是米飯、麵粉類，和蛋白質類的魚肉豆蛋。如此一來，生熟各半，不就和「食物四分法」的比例不謀而合了嗎？

理由二：從酸鹼比例的角度來看

凡是食物中含的鈉、鉀、鈣、鎂、鐵等礦物質多，就比較偏向鹼化食物。反之，如果含的磷、硫、氯多，就比較偏酸化食物，這是最原始的酸鹼食物理論。更先進的理論，是要實際測試，把食物吃下去之後，會讓體質酸化或鹼化才能判定。不論是舊理論還是新理論，**鹼化食物通常就是那些深綠色的蔬菜、水果，而酸化食物就是那些魚肉豆蛋奶與精製澱粉類**。為了健康，為了維持身體的弱鹼性，鹼化食物最好占所有食物的一半以上，所以，這和生熟比例幾乎有異曲同工之妙。總之，從酸鹼角度來看，蔬菜、水果也是要占一半以上，另外一半則是澱粉類和蛋白質類。

理由三：從營養成分的角度來看

食物營養可分為巨量營養素和微量營養素，巨量營養素就是碳水化合物（澱粉和糖分）、蛋白質、脂肪，而微量營養素則包括各種維生素、礦物質，以及一些植物生化素，詳見《吃錯了，當然會生病！》第二五九頁。

早期我在美國西雅圖的診所看病人，會要求病人寫五天飲食日記，來到診所，把每天所吃的東西輸入電腦，程式就會打出七頁的報表，詳細列舉病人每天每種營養素是否吃得足夠，該不該調整。這是一個很大的工程，看起來也複雜。

但是，自從我發明「食物四分法」之後，這電腦程式幾乎不必跑了，可以省下很多時間，因為，只要照「食物四分法」的比例吃三餐，基本上，你所吃的每一種營養素，差不多都可以達到，甚至超越美國農業局的每日建議攝取量。現代人之所以營養素缺乏或不均衡，就是因為偏食，未照正確的食物比例來吃，如果三餐遵守「食物四分法」，不但營養均衡，我甚至發現胖子會瘦下來，瘦子會長肌肉。

理由四：從牙齒比例的角度來看

「人類到底適合吃素、吃葷，還是雜食？」這個問題似乎不容易有共識，但是，我們不妨來看看人類的牙齒，或許可以看出端倪。人類的恆齒總共有三十二顆，其中只有四顆是犬齒，所謂犬齒，就是像狗、貓、老虎、獅子的牙齒，很尖銳，用來咬住獵物、撕裂鮮肉用的。除了犬齒，人類其他的牙齒大多是臼齒，臼齒就是牛、羊、馬、鹿的牙齒，專門用來磨碎穀物和纖維的。

所以，從犬齒的比例來看，人類的肉食，應該占八分之一（四除以三十二）。而我所推廣的「食物四分法」，蛋白質食物占總分量的四分之一，其中動物性蛋白質（魚、肉、蛋類）和植物性蛋白質（豆類）最好各占一半，也就是說，動物性蛋白質應該占總食物的八分之一，那不就和人類犬齒的比例不謀而合嗎？從這個角度來看，又對了！

理由五：從血糖穩定的角度來看

雖然台灣或美國的糖尿病人口目前大約八至十％，但是，如果加上多囊性卵巢症候群（PCOS）、代謝症候群（Sydrome X）和其他血糖不穩定的人，根據我的調查，大概占總人口的一半。也就是說，有血糖不穩現象的人，其實非常多，雖然還沒有罹患糖尿病，但其實已在路途上邁進。血糖不穩，會使人肚子餓的時候手腳冰冷發抖、頭昏、脾氣不穩定，這是低血糖的症狀；吃飽了又想睡覺，這是高血糖的症狀。

總之，有一半以上的上班族，每天就在高血糖和低血糖之間，坐雲霄飛車，起起伏伏，這就是飲食當中精製澱粉太多所引起，如果再加上高澱粉的零食，那就更加惡化。這是現代人飲食中一個很大的盲點，甚至連一般醫院的糖尿病衛教都不知道這個重點，使得許多糖尿病患血糖失控，日益消瘦，最後產生併發症。

一般人如果想要讓每天精力充沛、情緒穩定，而且即使有糖尿病遺傳也不會誘發糖尿病，最重要的就是遵守「食物四分法」。將米飯、麵粉類控制在四分之一以下，而且要吃粗糙澱粉。如果糖尿病已經發病，那澱粉就要控制在八分之一以下。

理由六：從抗氧化的角度來看

抗氧化就是抗發炎、抗老化、抗癌化，絕大部分的慢性疾病都可藉由抗氧化劑而改善。而食物中的抗氧化劑，例如維生素C、維生素E、類胡蘿蔔素、生物類黃酮、其他植物生化素等等，大量存在新鮮的蔬菜、水果裡面。如果你去吃一碗牛肉麵、或是一個排骨便當、或是一碗蚵仔麵線、或是麵包或肉包水餃，請問這些食物的抗氧化劑在哪裡？基本上少得可憐。所以，不管外食或自煮，隨時隨地要謹記「食物四分法」，吃足新鮮蔬果，最好占總食物的二分之一，如果吃不到，那就要適量補充抗氧化劑營養品。

理由七：從體重管理的角度來看

二〇〇三年美國波士頓兒童醫院做了一個青少年減肥的實驗，結果吃到飽的那一組減肥成功，吃一般減肥餐的卻失敗，這是怎麼回事？其實，成功那一組除了注意食物的低升糖指數之外，也間接運用了「食物四分法」的概念，因此就能有效控制體重。反之，傳統減肥餐斤斤計較熱量的限制，卻疏忽了食物的比例，就會造成減肥失敗。

根據我的臨床經驗，「食物四分法」不但是很棒的減肥食譜，也是很好的增重食譜，這聽起來好像有點矛盾，其實一點也不，**「食物四分法」會讓人漸漸趨於理想體重**。胖子的肥肉會變少，而偏食的瘦子肌肉慢慢會長出來，而且還可以達到塑身的效果，把小腹變不見，如果加上肌肉鍛鍊，就會讓身材非常勻稱，人人稱羨。

生機飲食之我見

生機飲食所含的抗氧化劑與植物生化素非常豐富，纖維量也非常足夠，而且不使用油炸、煎炒的方式，的確保留了食材當中最原始的營養素，很多人因為生機飲食擊退了慢性疾病，恢復了健康。如果可以做得到，我會建議許多人嘗試生機飲食，如果不能百分之百，但至少可以先從改變部分飲食開始。

在【Part 1 觀念篇】的結尾，我已經提出，現代人要解決熟食的兩難，有三條路可以走，如下所示。第一條路不想走，就走第二條，如果第二條做不到，只好走第三條。

●第一條路：盡量生食，也就是俗稱的「生機飲食」。
●第二條路：正確的食物比例，也就是要遵循「食物四分法」。
●第三條路：使用營養補充品，尤其是「抗發炎營養素」。

「食物四分法」，我在上一篇文章剛講過，抗發炎營養素會在接下來的文章中仔細講解。在這裡，我要來討論一下什麼是「生機飲食」。

「生機飲食」≠「有機食物」≠「吃素」

「生機飲食」在歐美的發展至少有一百年的歷史，歷經伯查貝納（Maximilian Bircher-Benner）、葛森（Max Gerson）、普萊斯（Weston Price）、肯頓（Leslie Kenton）等人的倡導，近年來蓬勃發展。照字面上來說，「生機飲食」（Raw Food Diet）的意思就是吃生的食物，不經加熱，定義就這麼簡單。但在華人社會裡，卻有很多人誤會「生機飲食」是「有機食物」，有更多人誤以為是「吃素」。其實，生機飲食指的是所有食物不經加熱、不經加工處理，而這些食物並不局限於植物，也包括動物。所以，就定義而言，吃生魚片或吃生牛肉也算是生機飲食。

在台灣盛行的生機飲食偏向於純素或奶蛋素的生機飲食（Raw Vegan Diet 或 Raw Vegetarian Diet），流行使用精力湯、蔬果汁，食譜中以高纖蔬果、堅果、豆芽、全穀類為主。聽說有些生機飲食也將魚、肉、蛋加以清蒸或煮來吃，這樣就讓生機飲食的定義更加模糊了。

不過，生機飲食也不是完全沒有缺點，有幾個地方要特別注意。我認識太多人因為吃生機飲食或素食，而在飲食當中，忽略了蛋白質和油脂的攝取，導致長久下來憂鬱症、貧血、或是身體太虛，得不償失，這對代謝型態是「老虎型」的人特別重要，詳情參見《吃對了，永遠都健康！》第七十二頁。

生食要特別注意衛生，因為細菌、黴菌、寄生蟲一不小心就會污染食物，尤其是芽菜、生菜、海鮮。另外，有些食物不適合生食，可能有毒性，例如黃豆、芋頭、樹薯、茄子。例如，苜蓿芽含有刀豆氨酸（L-Canavanine），在人體內會取代精胺酸（Arginine）的代謝，容易造成紅斑性狼瘡復發或惡化。屬於寒性體質的人，必須酌量添加熱性佐料在寒涼屬性的精力湯、蔬果汁、或其他生機飲食當中，例如生薑、乾薑粉、大蒜、胡椒粉、肉桂粉等等。

總之，生機飲食有其優點、也有缺點。如果做對了，身體會健康，但做錯了，卻也會出問題，因此不可不慎。

很多人喝蔬果汁抗病成功了

不管是在美國或台灣，我聽到、看到很多人喝現榨有機蔬果汁，把過敏、高血壓、心血管疾病、肺病、癌症等疾病給完全治癒了，這類的成功案例，遍布全世界。台灣也因為現榨蔬果汁很多人在喝，蔬果調理機或榨汁機的生意非常好。其實，**蔬果汁可以調理體質甚至治病的原理非常簡單，一言以蔽之，就是抗氧化劑的功效。**

新鮮蔬果汁裡面含有成千上萬種的抗氧化劑，這些新鮮的抗氧化劑，可以抗發炎，而抗發炎就可以逆轉絕大部分的慢性疾病，甚至癌症，因為大部分疾病都是從慢性發炎而來，或是因缺乏抗氧化劑而引起。弄清楚這個道理，再思考為什麼喝蔬果汁可以治病、防癌，也就不稀奇了。

陳博士小講堂

中醫說蔬果汁太寒，不能多吃？

現榨有機蔬果汁的好處多多，可以抗發炎，可以抗老防癌，也可以活化肝臟解毒功能，但很多病人和讀者告訴我，他的中醫師不建議喝蔬果汁，我甚至遇過不少中醫師完全禁止病人吃所有寒涼的蔬菜與水果。到底該怎麼辦呢？

二〇一一年春天，我在美國加州的山谷度過了濃濃的花粉季節，空氣中的花粉密布，彷彿灑滿胡椒粉一般，持續刺激著我敏感的黏膜。除了使用抗過敏的營養品之外，我還自己開處方，用中藥湯劑把花粉熱症狀治療得很好。

但是，我發現一個奇特的現象，在吃中藥的那一陣子，如果吃到柳丁、桃子、蘋果等水果，會讓藥效「破功」。為了維持藥效，我自然而然就有一陣子不吃生鮮蔬果，幾乎完全只吃熟食，這和我平時的飲食習慣大相逕庭。

後來花粉季過了，中藥也早停了，一切恢復正常，吃起寒涼蔬果也沒什麼影響，緊接著夏天到了，吃很寒的瓜類也沒事。

怎麼會這樣呢？我的解讀是，寒性體質的人在用中藥治病時，是用熱藥。我整體的抽象感覺，是用這些熱藥將生理運作「托」起來，「托」到一個溫熱的狀態，那麼症狀就會消除。而這個無症狀的狀態，不是自然形成的，而是用熱性中藥「拱」出來的，其實不是很穩定，很容易就被寒涼的蔬果所洩掉。一直要等到生理運作習慣那一個狀態，自己能夠維持時，中藥撤離，慢慢地身體才能禁得起寒涼蔬果的衝擊。

以上描述，是非常主觀的感覺，不是很醫學，但它是我真實的感受，我也因此認同中醫的概念，身體很虛寒的人，或是正在服用熱性中藥的人，要很小心寒涼蔬果的攝取，盡量挑選熱性的吃。等身體好了，或是中藥停了，才恢復正常飲食。

抗發炎營養素，健康新選擇

我要特別強調，我不是鼓勵大家非要吃營養品不可，但是，如果因為種種因素，很多人無法改變錯誤的飲食習慣，吃不到最完美的飲食，那麼，借用現代科技，服用高品質、正確處方的營養補充品，也就有其必要。

多年看診經驗下來，我發現，開處方給病人服用天然藥物或營養品，要比調整他的飲食簡單十倍以上。甚至我發現，有不少病人是抱著找尋「仙丹妙藥」的心態來看病，雖然我還是會教育他為何生病的來龍去脈，但對於凡事要求快速便利的現代人來說，如果吞膠囊可以解決，又沒副作用，很多人都會選擇這一條方便的「高速公路」。

從熟食與生食的差異，我們知道食物中許多有益的營養素會被烹調所破壞。從熟食六大問題，我們更知道，高溫烹調會使食物產生有害物質，損及健康。

從發炎機制的討論，我們知道大部分慢性疾病都是從發炎開始，或是和慢性發炎有關，要逆轉這些疾病，抗氧化劑是重要關鍵。而在食物裡面，抗氧化劑主要存在於生鮮的蔬菜、水果當中。

因此，為了解決熟食的兩難、為了逆轉慢性發炎，如前所述，我們有三條路可走；生機飲食、食物四分法、抗發炎營養素。

為了口慾，很多人無法放棄美食，或是小孩上學，不能不吃學校午餐，或是因為工作關係，每天必須外食。總之，我遇過無數的人，有各種原因，無法做到生機飲食，甚至連「食物四分法」都難以執行，所以，不得已只好走抗發炎營養素這第三條路。

使用高品質的抗發炎營養素

抗發炎的營養素，包括抗氧化劑、Omega-3二十碳酸、蛋白酵素，我們在本章裡面會逐一討論。抗氧化劑也可以稱為抗氧化物，但我習慣稱抗氧化劑，兩者的英文是一樣的「Antioxidants」，簡稱「AO」。狹義的抗氧化劑，指的是維生素C、E、A。而廣義的抗氧化劑，除了維生素C、E、A之外，還延伸到礦物質鋅、硒、植物生化素（例如生物類黃酮、槲黃素、橄欖多酚、葉黃素、兒茶素、原花青素、花青素等）、硫辛酸、穀胱甘肽、超氧化物歧化酶等等。

這些物質，都是動植物裡面的天然成分，並不是人工製成的西藥，理應從食物中攝取，但可能由於飲食偏差、攝取不足，或是因為疾病比較嚴重，需要的劑量比較大，所以，如果用萃取出來後製成的膠囊來吞服，就可以容易達到效果，也會很省事。當然，現代科技發達，也可以把這些營養素做成錠狀、粉狀、液狀，甚至調配成沖泡粉或口含錠，也未嘗不可。

接下來，我會詳細解說幾個最具代表性的抗發炎營養素，讓大家了解其對身體的重要性，以及如何補充的須知等等。

維生素C 抗發炎的先鋒部隊

在談維生素C之前，我先解釋一下什麼是「維生素」。**任何一個物質，要被科學家稱為維生素（Vitamin），沒那麼簡單，它必須具備兩個條件。第一、它是維持生命所必須的營養素，第二、它是人體無法自行製造的營養素。**這是維生素非常關鍵的定義，兩個條件缺一不可，如果一個成分再怎麼重要，對健康再怎麼有幫助，但人體會自行合成，那就沒有資格稱為維生素。

所以，維生素的重要性就顯而易見了，為了維持生命，我們必須從食物中攝取各種維生素，否則就會生病。如果下次有人問你，有沒有必要吃維生素？答案就很簡單了。如果飲食中攝取足夠，身體很健康，當然就不用補充。但如果飲食中攝取不夠，身體不大好，或是有時身體的需要量特別大，那當然就有必要額外補充了，補足之後，你就會發現健康和體力迅速恢復。

現代人的維生素C攝取嚴重不足

在所有的抗氧化劑中，維生素C是研究歷史最悠久、食物中含量最豐富、身體應用最廣、實驗論文最多，而且最具代表性的。在抗發炎的生理運作裡面，維生素C是不可或缺的營養素，不時和自由基短兵相接，所以我把它稱為抗發炎的先鋒部隊。

大自然真的很奧妙，維生素C這個成分，既然對健康這麼重要，地球上絕大多數的動物，都可以把吃下肚子的澱粉，轉換成維生素C，**但有幾種動物，例如人類、猩猩、天竺鼠、食果性蝙蝠等，卻無法自行合成維生素C，必須透過食物取得**。造成這個特殊現象，是因為基因裡面的GULO片段發生突變，但這突變卻不會致命，因為這些動物的飲食中有很多水果可吃。但自從人類熟食之後，加上有些人偏食不吃生鮮蔬果，維生素C缺乏造成的疾病也就越來越多。

一頭山羊，**每天可以製造十三公克的維生素C，當牠面臨致命疾病、創傷、或壓力時，會製造高達一百公克的維生素C**。這是一個非常重要的常識，但絕大多數人都不知道，甚至醫護人員也一樣。這個常識告訴我們兩點重要訊息：第一，動物所需的維生素C，其實遠比現在的營養專家認為的還多，目前美國農業局建議成年人每天維生素C的攝取量僅有〇・〇九公克，我認為遠遠不夠。第二，動物在有特殊需求時，例如壓力、生病、外傷，維生素C的需求量將大幅增加。因此可想而知，人類在壓力大、過勞、感冒、發燒、過敏、或其他慢性發炎相關疾病時，所需要的維生素C非常大。

我再強調一次，猩猩和人類一樣不會製造維生素C，但一隻體重和人類一樣或更重的猩猩，每天所吃下的維生素C就有二至六公克。

根據調查，原始人類每天會吃下二・三公克的維生素C，而現代美國人平均只吃〇・〇七公克，況且現代人還吃很多燒烤油炸食品。該吃的抗氧化劑不吃，卻吃下一大堆的自由基，從這個角度來看，現代人怎能不生病呢？

一頭山羊，每天可以製造 13 公克的維生素 C，當牠面臨致命疾病、創傷、或壓力時，會製造高達 100 公克的維生素 C。但是，自從人類熟食之後，加上有些人偏食不吃生鮮蔬果，維生素 C 缺乏造成的疾病也就越來越多。

陳博士小講堂

維生素C簡史

維生素C的學名，叫做抗壞血酸（Ascorbic Acid），這是有典故的。壞血病（Scurvy）是一種牙齦、黏膜、皮膚有出血點的疾病，患者臉色蒼白、軟弱無力、關節疼痛，瘀血很久才消失，嚴重時可能會致死。早在公元前四百年的文獻資料，希波克拉底（Hippocrates）就曾描述壞血病。

以前英國海軍出航，經常會發生船員得到壞血病，甚至死亡的案例。一七四七年，英國皇家海軍的林德（James Lind）醫生在船上做實驗，證實橘子和檸檬可以改善壞血病。在十八、十九世紀時，普遍認為檸檬、萊姆、柑橘、德國酸菜、白菜、麥芽等這類食物裡面含有「抗壞血酸」，可以治療壞血病。直到一九二七年，匈牙利研究團隊艾伯特・聖喬治（Albert Szent-Györgyi）等三人從柑橘中首次分離出來維生素C，而且證明就是前人所謂的「抗壞血酸」；到了一九三七年，聖喬治因為研究維生素C而得到諾貝爾獎，被尊稱為「維生素C之父」。

維生素C的十大重要功能

千萬不要小看維生素C，它對人體的生理運作非常重要，如果你要我做一個所有維生素和礦物質的排行榜，根據重要性依序排列，我會把維生素C排第一位。**維生素C是我心目中最重要的營養素**，為什麼它這麼重要呢？因為人體一旦缺乏維生素C，就會出現免疫系統失調、結締組織脆弱、腎上腺荷爾蒙無法順利合成等等問題，體內的膽固醇、神經傳導物質、環境荷爾蒙都會變得代謝不順，甚至會降低男女受孕機率、有些礦物質不易吸收、肉鹼缺乏而體力不濟、食物中亞硝酸鹽不容易被分解等等，影響的層面既深且廣。緊接著，我就來介紹維生素C的十大功能。

功能一：調節免疫系統

免疫系統是一個人對抗外來物入侵最重要的防衛系統。一般人常誤以為，免疫系統越強越好，其實人體的免疫系統不能太強也不能太弱，要恰到好處，講得比較學術一點，就是要讓免疫系統正常化。

對於感冒或感染這類的免疫系統疾病，服用紫錐花或黃耆這類強化免疫系統的草藥，可以達到不錯的效果，但有時候臨床醫師也會擔心過度強化其實也不好。例如，紫錐花治療傷風感冒的效果很好，但臨床上我發現，對於某些病毒引起的發燒，如果用紫錐花，會有更燒的風險，不過如果使用維生素C，就沒有這個顧慮。

所以，維生素C變成了一個治感冒或感染的簡單安全工具，不但連新手醫生也不會出錯，甚至也可當作年輕爸媽防治幼兒感冒、發燒、過敏的一個居家常備良藥。但它不是藥，沒有藥物的副作用。維生素C不會直接殺病毒，但它會提供身體間接的幫助，讓免疫系統保持在最有效率的狀態，活化白血球。免疫系統如果維持在一個平衡的狀態，身體就不會隨便亂發炎，即使要發炎，也是乾淨俐落。

陳博士小講堂

維生素C擁有「七抗作用」

整體而言，維生素C在免疫系統方面具有我所謂的「七抗」作用，包括抗發炎、抗氧化、抗老化、抗癌化、抗過敏、抗細菌、抗病毒。接下來，我將逐一解釋。

●**抗發炎：**維生素C可以強化結締組織、保護細胞膜，讓身體構造不容易受傷，即使受傷也很容易修復，所以能夠「抗發炎」。

●**抗氧化：**維生素C是體內最普遍的抗氧化劑，可以中和自由基，避免自由基去氧化身體組織，所以當然可以「抗氧化」。

●**抗老化：**發炎、氧化、老化、癌化，四者環環相扣密不可分，因為人體組織一旦發炎，或自由基太多，細胞膜或DNA就容易氧化，氧化之後細胞受破壞或死亡，身體就會加速老化、早衰，而DNA如果受自由基破壞而產生突變，細胞就會癌化。

所以，維生素C也可以「抗老化」、「抗癌化」。

●**抗癌化：**當結締組織脆弱時，癌細胞會突破膠原蛋白的屏障，而從原始病灶擴展到其他組織與器官，所以，服用大量維生素C，既可以避免細胞內突變而癌化，也可以阻止癌細胞擴展，所以說可以「抗癌化」。

●**抗過敏：**過敏就是一種慢性發炎，是由於肥大細胞不穩定、分泌組織胺等物質所造成，而維生素C可以穩定肥大細胞膜、促進組織胺分解、撫平過敏反應、逆轉慢性發炎，所以可以「抗過敏」。

●**抗細菌、抗病毒：**雖然體外實驗還發現維生素C有抗細菌、抗病毒的效果，但維生素C在人體內並不一定直接去殺病菌，而是活化白血球去殺細菌、殺病毒。白血球裡面維生素C的含量是血液的三十倍，必須有高濃度的維生素C才能完成吞噬病菌的任務，也才能保護自己免於自體氧化的傷害，而維生素C也在細胞外扮演保護鄰居細胞的角色，避免自由基流彈四處亂飛。所以，說維生素C可以「抗細菌」、「抗病毒」實在不為過。

功能二：強化結締組織

想要進一步了解維生素C的好處，不能不認識「結締組織」。所謂的結締組織（Connective Tissue），顧名思義就是把身體連結起來的組織，包括肌腱、韌帶、黏膜、血管壁、靜脈瓣膜、軟骨等等。所以，如果結締組織脆弱，容易引起導致男性不孕的精索靜脈曲張、大腿和小腿後面靜脈曲張、小朋友容易流鼻血（鼻黏膜薄弱）、刷牙常見的牙齦流血、口腔黏膜容易潰瘍，以及老年人常發生的退化性關節炎等各種疾病。當然，維生素C嚴重缺乏時，還會得到壞血病。

結締組織之所以會有彈性和韌性，在於膠原蛋白這種成分，而膠原蛋白是由兩種胺基酸──賴胺酸（Lysine）和脯胺酸（Proline）所組合的聚合巨分子，兩種分子之間的強大吸引力，是膠原蛋白彈性和韌性的來源，而這兩種分子的聚合需要維生素C的存在。**簡言之，膠原蛋白的合成必須要有維生素C的存在。**

結締組織之所以會變得脆弱，就是因為很多人飲食偏差，愛吃甜食和含糖飲料（糖會和維生素C競爭），以及油炸食物（含大量自由基，會消耗體內維生素C），卻又不愛吃富含維生素C的蔬果。我常看到有些人因為本身結締組織脆弱，本來就有刷牙容易出血的傾向，遇到壓力大、睡眠不佳，加上維生素C攝取不足，會突然造成眼白出血，看起來滿可怕的。其實這是很典型維生素C缺乏的症狀，大量補充維生素C就好了。因此，這類結締組織容易脆弱的人，維生素C的需求量比其他人大很多，需要常常補充，身體才會保持在最佳狀態。

談到眼睛，值得一提的是，維生素C也能保持晶狀體的透明和降低眼壓，所以可以預防白內障與青光眼。

陳博士小講堂

需要補充營養品膠原蛋白嗎？

有些人常問我，要不要補充營養品膠原蛋白？這樣看來，其實補不補充膠原蛋白是其次，因為膠原蛋白吃下肚之後，如果分子量太大，並不一定可以被人體所吸收轉變成自身的膠原蛋白，但身體只要有足夠的維生素C，自己就會製造膠原蛋白。因此，想強化結締組織、想要美白、想要肌膚有彈性，補充維生素C比膠原蛋白來得重要。

功能三：協助腎上腺荷爾蒙的合成

現代人壓力大，要上班、上學，要考試、拚業績，因此經常需要腎上腺荷爾蒙來應付這些緊急的工作，導致腎上腺荷爾蒙的用量過大。腎上腺是人體維生素C含量最高的器官，腎上腺素（Epinephrine）是由酪胺酸（Tyrosine）經過四個步驟轉換而來，每一個步驟都要消耗維生素C，這是為何人和其他動物的腎上腺要儲備大量維生素C的原因。

很多上班族和學生的壓力很大，長時間熬夜之後，身體往往無法負荷，最後就生病了。不管生什麼病，通常都有維生素C嚴重不足的問題，因為腎上腺、免疫系統、肝臟解毒、結締組織、循環系統等等，要正常運作，都需要大量維生素C。換句話說，都在「搶」維生素C，在這種情況下，維生素C不足會引起各大系統失衡，當然最後會從最脆弱的系統先發難。要治療或預防這些問題，其實很簡單，多補充維生素C就對了。**簡單來說，維生素C可以幫助抗壓。**

功能四：促進環境荷爾蒙的代謝

塑化劑、雙酚A、壬基苯酚、三丁錫等環境荷爾蒙，一旦進入體內就需經過肝臟排毒兩大階段、七大作用來代謝（詳見《怎麼吃，也毒不了我》），在這代謝過程中，需要有維生素C在旁邊，保護細胞不受中間產物的毒害。因此，在排毒的過程中，維生素C也是很重要的營養素。

功能五：促進膽固醇的代謝

許多心血管疾病、腦中風等疾病，是血管中的膽固醇氧化、堆積所造成的，而維生素C可以幫助血管中的氧化膽固醇代謝分解成膽酸，也可以使血管管壁有彈性，所以可以預防動脈硬化與血栓的形成。由於維生素C可以協助膽固醇轉換成膽酸，因此也可以預防膽結石，因為膽固醇通常是膽結石的主要成分。

功能六：促進神經傳導物質的代謝

大腦的思考要敏銳、情緒要好、注意力要集中……，需要有正常的神經傳導物質，而維生素C可以幫助神經傳導物質代謝，例如正腎上腺素、血清素。對於需要常動腦的人或是需要情緒愉悅的人，維生素C是不可或缺的優質營養素。

功能七：協助礦物質的吸收

維生素C可幫助鈣、磷、鐵在小腸的吸收，對於骨質疏鬆症和缺鐵型貧血很有幫助。

功能八：增加男女的受孕機率

睪丸與精液中維生素C濃度很高，維生素C可以保護精子免於毒素的侵襲、可以降低精子聚集的現象、增加精子活動力、增加精子數、減少精子異常數目，甚至可以增加受孕機率。根據日本群馬大學實驗證明，四十二位具有不同卵巢問題的不孕女性，不排卵或沒有月經，補充維生素C之後，四十％開始排卵，二十一％最後受孕，推測維生素C可以提升卵巢功能。

功能九：促進肉鹼的形成以增進體能

肉鹼（Carnitine）是體內脂肪代謝和能量製造時不可或缺的胺基酸，它是由賴胺酸（Lysine）醇化所製成，而這醇化反應會消耗維生素C。如果維生素C不足導致肉鹼缺乏，就會產生肌肉無力（這就是為什麼壞血病患者會肌肉無力的原因）、精神不濟、血液中三酸甘油脂和膽固醇增加、運動員體力下降、心臟衰竭、胸腔疼痛、心智大腦退化等症狀。如果要對抗大腦老化，還可以額外補充乙醯肉鹼（Acetyle-L-Carnitine），它可以強化乙醯膽鹼的製成，保護大腦免受自由基的破壞，改善記憶力、安定情緒、預防抑鬱等等。

功能十：防止亞硝酸鹽轉化成有毒物質

現代化農業過度使用氮肥的情形非常普遍，這使得蔬菜普遍含有硝酸鹽，經過加熱或細菌分解，硝酸鹽會轉化成亞硝酸鹽，再去烹煮遇到肉類裡面的胺類，會形成有致癌性的亞硝胺（Nitrosamines），所以很多人開始擔心蔬菜中的硝酸鹽問題可能比農藥還嚴重，而且可能更毒。醃肉和香腸的製程中，添加亞硝酸鹽可與肉品中的肌紅素結合，使得肉色保持紅潤，亞硝酸鹽是華人地區常用的保色劑與防腐劑，在歐美先進國家則以維生素E代替。

很多人開始擔憂每天吃下亞硝酸鹽所造成的危害，這無可厚非，但其實如果飲食中和體內有足夠的維生素C，就可以使亞硝酸鹽迅速在胃中被破壞，防止亞硝酸鹽和胺類做反應，阻止致癌物質亞硝胺的形成。所以，只要跟著老祖先的方法，用自然農法，不過度施肥，給植物充分的陽光與天然的生長環境，加上大量攝取維生素C，就可以避開亞硝酸鹽的問題。

維生素C的四大迷思

既然維生素C對健康這麼重要，也有很多人在使用各種維生素C商品，自然而然地，就會有很多業者或所謂的專家對維生素C發表一些不同的建議。例如很多業者都說「左旋維生素C才有效」，還常常有報導或醫師提到吃維生素C會有副作用，讓很多人產生困擾或盲從。站在宣導正確健康知識的立場，我想我應該站出來澄清一下這些似是而非的迷思。

迷思一：左旋維生素C比較有效？

大約十幾年前，台灣的食品業與化妝品業掀起一陣「左旋維生素C」旋風，不管是為了美白或養生，廣告上都說一定要買「左旋維生素C」才有效，我想很多人都因此買過「左旋維生素C」，並且堅信這個觀念吧！但是，很多人可能到現在還不曉得，「左旋維生素C」是個天大的笑話，全世界只有台灣人這麼說，會這麼說並不是台灣人比較聰明，而是犯了一個學術上的錯誤！

「左旋維生素C有效論」，這是一個顛倒是非的錯誤。**全世界的維生素C都是右旋的，無論是人工或天然的維生素C，通通都是右旋維生素C，而左旋維生素C是根本不存在的！**為什麼會有左旋的說法呢？那是因為當初有個營養師在翻譯「L-form」時弄錯了，L不應該翻譯成「左旋」，應該翻譯成「左型」，而所謂的左旋或右旋是要經過旋光儀測出。正確的翻譯法，「L-form」應該是左型，「D-form」應該是右型。

大自然的維生素C是L（+），翻譯成中文是左型右旋，我再講一次，全世界只有右旋維生素C，沒有左旋維生素C這個東西。「左旋維生素C有效，右旋維生素C無效」這是業者以訛傳訛的結果，希望就此停住這個謠言，以免傳到國外，貽笑大方。

迷思二：維生素C不能吃太多，否則會促進氧化或造成毒性？

首先，我要強調一點，對於補充維生素C，我從來沒有建議要吃超量，而是有時為了治病，我會建議吃到人體的最大容忍量。但每人的最大容忍量是多少呢？這就很值得探討了。每個人、每天、在不同的身體狀況之下，對維生素C的需求量是不一樣的。如果身體健康、飲食正常，每天或許只要吃一兩公克就夠了，但在有特殊需求的時候，可能需要非常大量。

一頭山羊，體重大約七十五公斤，和成年男性差不多，每天要製造十三公克的維生素C，但是遇到生病、創傷、壓力時，牠會製造一百公克的維生素C。這是什麼意思呢？大自然的動物幾乎沒有感冒、癌症、心血管疾病的問題，那就是因為牠們會製造維生素C，而人類是少數不會製造維生素C的動物，如果飲食中維生素C攝取不夠，就容易生病。

●現代人應該吃多少維生素C？

那麼到底人類應該吃多少維生素C呢？原始人每天平均吃下二．三公克的維生素C，猩猩每天吃二至六公克維生素C，但美國政府建議的維生素C每日攝取量（Recommended Dietary Allowance，簡稱RDA）卻僅有〇．〇九公克，甚至建議每日不要超過兩公克。我認為，這個建議量實在太低了，根據諾貝爾獎得主鮑林博士的計算，不同種類的動物，平均每七十公斤體重，每天所製造的維生素C是二至二十公克，大概是美國政府每日建議攝取量的二十至二百倍。

根據《新科學家雜誌》（New Scientist）所述，鮑林博士是二十世紀僅次於愛因斯坦的偉大科學家。鮑林博士大力倡導維生素C的重要，他在一次演講中，風趣地提到，美國每日建議攝取量的〇．〇九公克維生素C是「免於死亡」的劑量，而想要維持「最佳健康」的劑量要比每日攝取量高許多。鮑林博士自己每天喝下三至十八公克的維生素C，身體力行，活到九十三歲。

我個人也試著用歐洲製的頂級維生素C粉和美國製的松樹皮萃取物（富含原花青素），沖泡冷水，每天喝下維生素C大約三至六公克，身體覺得很舒服，體力變好、睡眠變得有效率，也不會有拉肚子或腹痛等任何副作用。

●維生素C治病的真實案例

在歐美澳的自然醫學診所，有無數使用大劑量口服維生素C，甚至靜脈注射維生素C而讓疾病痊癒的案例。例如，威爾遜醫師（Dr. John Wilson）在二〇一〇年的澳洲營養醫學學院（ACMN）上，很清楚地說明，足量的靜脈注射維生素C（例如每八個小時注射一公克），可以阻斷敗血症的病理反應。二〇一〇年，紐西蘭一位農夫亞倫史密斯因為禽流感引發肺積水，醫院宣告不治，要停止生命維持器，但家屬堅持靜脈注射維生素C，結果奇蹟地恢復健康，九週後出院。

有研究發現，維生素C也是促氧化劑（Pro-oxidant），會抑制 Cu^{2+} 還原成 Cu^{1+}，Fe^{3+} 還原成 Fe^{2+}，而產生自由基，反對者以此大力抨擊補充維生素C的危險。事實上，這個反應只會發生在實驗室，不會發生在體內，因為人體內的銅和鐵離子都和蛋白質結合，不會有上述的顧慮。

歐美澳的醫學界對維生素C的補充劑量，至今還是爭論不休。基於一位臨床醫生的角色，我不想介入傷神而無謂的辯論，我所在乎的，是如何選用副作用低、效果明確的療法來治療病人，而維生素C是我用來治療自己、家人、病人，非常有效的治療工具，在有特殊需求時，例如過敏、感冒、發燒、發炎、傷口、腦心血管疾病、不孕症、過勞等等都很好用。

我的臨床經驗告訴我，該提高劑量的時候就提高劑量，三公克、六公克、十公克，甚至五十公克在有需要時，並不算多。就像山羊會把維生素C的每日製造量從健康時的十三公克，提高到生病時的一百公克一樣，這不是沒有道理的，如果沒有特殊目的，山羊為什麼要耗費資源製造這麼多維生素C呢？等治療成功之後，再把治療劑量慢慢降回保養劑量。

我在美國的指導教授蓋比醫師（Alan Gaby, MD）是全美的營養醫學權威，他所建議的維生素C平日保養劑量為〇．二至三公克，治療疾病時可用到最高容忍量（吃到拉肚子再降下劑量），若是病毒或細菌感染，則可用到每日二十至五十公克。

陳博士小講堂

大量補充高品質維生素C，唯一副作用就是拉肚子！

服用維生素C時，應該吃多少呢？為了治病，我建議不妨吃到拉肚子為止。健康人每天維生素C的需求量可能只要一兩公克，但過敏、發燒、感冒時，可能需求量會突然增加。到底要補充多少，我也不曉得，最客觀的方法，就是吃到拉肚子為止。因為維生素C吃太多時，身體認為「夠了」，就會想把它排出來，這時候就會有「噴射式的腹瀉」，但這和吃壞肚子的感覺不大一樣，通常不會有疼痛。有少數腸胃比較脆弱的人，可能會有點不適，但一般人應該只有腹瀉而無腹痛。

到底細節怎麼做呢？很簡單，我以小朋友發燒或急性過敏來舉例。把維生素C粉泡在新鮮果汁或運動飲料裡面，每隔一個小時喝一次，每次可加〇．五至一公克的維生素C粉，若要用發泡錠也可以，但要注意不要有糖分或其他食品添加物在裡面。當小孩出現噴射式腹瀉時，就知道吃太多了。例如，小孩可能累積吃到十公克就噴射式腹瀉，那明天就吃八公克就好，如果明天吃八公克也會腹瀉，表示身體在好轉，後天就再降到六公克。

依我個人的經驗，我家小孩重感冒發燒，每隔一小時喝一次維生素C粉，大概七個小時感冒就痊癒。請注意，我說的是嚴重的流行性感冒，不是普通的傷風感冒喔！傷風感冒會更快。本來懶洋洋、軟綿綿、沒有胃口、全身發燒的模樣，在七個小時之後，就活蹦亂跳，吵著肚子餓要吃東西了。我家三個小孩沒有吃過西藥，感冒都是用自然醫學的方法治癒的。

我在美國的教授匹佐諾醫師（Joseph Pizzorno, ND）告訴我，他的兒子有一次感冒，吃到二十六公克的維生素C。在美國，有更多臨床醫師，每天施打一百公克的維生素C給急性或重症病患。我個人認為，幾年前SARS在台灣肆虐，如果用高劑量維生素C（或天然硫辛酸）靜脈注射，可以預防肺部發炎失控，挽救很多無辜的寶貴性命。

迷思三：癌症病人在化療、放療時，不該補充維生素C？

美國主流西醫和美國自然醫學醫師之間，近年來，觀念越來越接近，分歧越來越少，但是，對於癌症病人該不該使用維生素C，目前兩種醫學還是存有不小的鴻溝。主流西醫認為，癌症病人之所以需要化療、放療，目的就是要將癌細胞趕盡殺絕，這時候如果補充維生素C等抗氧化物會抵消化療藥物的毒性，化療效果會減退，所以不管是美國、台灣、或大陸的西醫，都因此建議不要吃維生素C。

但是，如果從自然醫學的觀點來看，卻很不一樣，自然醫學醫師認為，在做放療、化療時，更應該要補充維生素C，來保護你的正常細胞，免受化學藥物或自由基的破壞。腫瘤科醫師認為維生素C會去保護癌細胞，但自然醫學醫師認為維生素C會保護正常細胞，這是目前還沒有達成共識的地方。我是經過正統訓練的自然醫學醫師，是美國自然醫學醫師學會的一員，基於我的立場，我認為應該服用維生素C來保護正常細胞，避免化放療藥物傷及元氣。

迷思四：吃綜合維生素，裡面的維生素C就足夠了？

綜合維生素，顧名思義是「綜合的」維生素，因此裡面的維生素及礦物質什麼都有，但也都只有一點點，所以維生素C當然只有一點點，我認為對很多人來說根本不夠用。綜合維生素限於體積大小，又要提供每一種維生素，因此只能提供基本劑量，如果身體有特殊需求，必須額外加強服用。

補充維生素C的四個須知

須知一：自然界中，維生素C不會單獨存在，而且一加一大於三

在自然界當中，維生素C從來不會單獨存在，它一定會跟生物類黃酮（或其他植物生化素）在一起。從臨床上我們也發現，當你模擬自然界的組合，把維生素C和生物類黃酮一起服用時，它的效果會比單獨服用維生素C或單獨服用生物類黃酮的效果大很多。這也就是我常說的一加一大於三的「協同作用」（Synergistic Effects）。生物類黃酮屬於植物生化素裡面的一類，最常用的就是柑橘類黃酮。在特殊發炎或過敏的症狀，我還會再增加槲黃素、沒食子酸、原花青素、或兒茶素等用量，以強化抗發炎和抗過敏的效果。

須知二：補充維生素要規律、劑量要足

二十多年前，那時的我，對營養醫學還是一知半解，但我也跟著大家吃維生素，希望身體可以好一點，不過，我當時的結論是「有吃跟沒吃一樣，沒什麼感覺」。後來我在美國念完自然醫學院，再加上臨床看診之後，發現維生素和其他營養品的確很有效果，甚至有時效果不輸給藥物，但前提是要吃得「對」。這個「對」，包括「品質要對」、「劑量要對」，而且要「對症」。如果亂吃一通，品質很差，或是三天捕魚、五天曬網，這些營養素可能就吃不出效果。

很多病人有時抱怨服用營養品很麻煩，甚至常常會忘記，但我會開玩笑說，你會忘記吃飯嗎？我們如果把吃營養品，和吃飯一樣，變得很有規律，定時定量，這樣就容易看到效果。總之，服用營養品，如果要看出效果，必須做到規律地吃、劑量要夠的兩大原則，否則只是吃心安而已。

須知三：補充維生素C可以突然增加，但不能突然停用

維生素C這麼好用，有些人在高劑量服用一陣子之後，覺得身體好了，就突然不吃了，其實這樣做滿危險的。為什麼呢？身體在長期習慣高劑量維生素C之後，整個生理運作已經需要這個劑量來維持正常，如果突然驟停，就會反彈（Rebound），出現好像缺乏維生素C的症狀，例如牙齦出血、疲累、容易感冒等等。所以，如果每天服用六公克維生素C已經維持幾個星期，不要驟停，而是要降為四公克服用一兩個星期，再降為二公克一兩個星期，最後再降到一公克以下。

通常我不建議完全停止，即使飲食中三餐有吃到蔬果，但對有些人的體質而言，還是不夠，必須酌量補充。除非經過計算，你的飲食中每天可以攝取超過二公克的維生素C（像猩猩一樣），那就可以不必補充，但要達到這個標準，在現代人當中相當少見。

須知四：胃黏膜脆弱的人，補充維生素C要注意

尤其患有胃潰瘍和胃食道逆流的人，如果吃維生素C，可能會產生胃痛，因為他們的胃黏膜脆弱，保護膜太薄，受到維生素C的酸性刺激，就會受不了。這種情形，我會建議先不要吃維生素C，而使用苦茶油、甘草萃取物DGL、或是榆樹皮粉末、或現榨高麗菜汁等等，先把胃黏膜修復好，之後再來補充維生素C。

為了避免類似情況發生，平時也是不要空腹吃維生素C，而是在飯後三十分鐘內服用。但如果因為疾病需要，黏膜脆弱而必須吃維生素C怎麼辦？這時我會建議鈣鎂C或酯化維生素C，因為它們是中性的，比較不會刺激黏膜。

陳博士小講堂

破解吃維生素C的疑惑

●問題一：吃維生素C會口腔黏膜受損？ 答：並不會！

問題並不是維生素C不適合你，而是你吃到品質較差的維生素C，或是吃的方法不對。口含維生素C錠可以緩慢釋放維生素C，穩定口腔黏膜和鼻咽喉黏膜的肥大細胞，值得嘗試，但有人含著忘了用舌頭去攪動它，或是含著去睡覺，這樣就很容易對黏膜持續刺激，而造成傷害。如果黏膜特別脆弱的人，建議將維生素C粉在飯後服用，或是溶於比較大量的水中喝下，這樣的刺激就會降到最低。

●**問題二：胃潰瘍患者不要空腹吃？　答：是的！**

維生素C很酸，空腹吃會使胃潰瘍狀況更糟，建議先把胃潰瘍治好（詳見下冊消化道發炎的治療），再來補充維生素C。或是把維生素C粉溶於水中，在飯後喝下。

●**問題三：吃大量的維生素C，會導致腎結石？　答：並不會！**

這是以訛傳訛的錯誤觀念，這種說法是根據體外實驗，並非人體實驗。臨床上已經證實吃維生素C是不會產生腎結石，反而會溶解結石。

●**問題四：腎臟疾病的患者，也不能吃大量的維生素C？　答：是的！**

罹患腎臟疾病的人，不能吃大量的維生素C，否則可能導致腎衰竭。臨床報告曾有個六十多歲的老先生，本身有雙側輸尿管堵塞加上腎功能不足的症狀，當時醫生注射六十公克的維生素C點滴，並在兩個小時內注射完畢，結果導致病患急性腎衰竭。因此，如果腎臟已經有病變的人，記住不宜大量補充維生素C。

●**問題五：補充鐵劑和大量維生素C有可能導致鐵中毒？　答：是的！**

這是事實，維生素C會促進鐵的吸收，因此我不鼓勵病人隨便用鐵劑，除非確定診斷是缺鐵性貧血（抽血可檢驗得知），要不然我不會讓我的病人吃鐵劑。可是台灣和日本很多的綜合維生素或其他營養品都含有鐵劑，所以要很小心。當你不需要鐵而補充鐵時，一旦維生素C又吃大量，的確容易造成鐵中毒。

●問題六：維生素C會傷害牙齒琺瑯質？ 答：不一定！

如果是用牙齒咀嚼維生素C的錠狀顆粒時，牙齦的確容易受損，因此如果你的牙齒琺瑯質脆弱，就不建議放在嘴巴中咀嚼，如果要咀嚼則建議飯後吃。更安全的方法是用維生素C粉末，泡在水中喝下，如果飯後喝就更不會傷琺瑯質了，因為牙齒上有很多飯菜屑和油脂保護著，飯後喝還有清口腔油膩的效果。

總之，如果正確使用，補充大量維生素C是不會有副作用的，很多所謂的副作用是使用錯誤引起的，都可以避免，不必過度擔心。

維生素C是酸的，還是甜的？

最後，我來問讀者一個很簡單的問題，「維生素C嚐起來，是酸的，還是甜的？」有人可能會說，「陳博士啊，你問我這問題未免太幼稚了吧！維生素C當然是酸的了。」但你真的確定維生素C是酸的嗎？

在我公布答案之前，我再問一個問題，水是甜的還是苦的？如果三天沒有喝水，當你喝到第一杯水時，它是什麼味道？有人這時會說，對喔，如果很渴，水喝起來會很甘甜；但是，當你已經喝了三大桶水，叫你再喝一杯水，你會覺得那一杯水的味道怎樣？很難喝對不對，喝不下去，甚至會有苦味。

所以，人體是很活的、很奧妙的，人的主觀感覺是會變化的。當身體有需要時，會覺得這種食物很好吃、好喝，但當身體不需要時，同樣的食物卻吃起來不好吃、不好喝。所以維生素C也是這樣，維生素C是酸的沒錯，如果缺乏它時，就會覺得比較甘甜、或是比較沒那麼酸，但吃到過量、或是比較不缺乏時，就會覺得很酸。

我常用這個主觀感覺，來判斷自己身體對維生素C的需求大不大、體內的氧化壓力大不大。例如，我家老三，現在才一歲多，給她吃整顆的維生素C，她可以當糖果一樣含在嘴巴裡，我判斷她的體質和我一樣需要大量維生素C才能維持健康。反觀老大當年就很不敢吃酸的，身體比較沒那麼需要維生素C，吃起來就比較酸。

植物生化素

五彩繽紛的天然抗發炎營養素

我在【Part 1觀念篇】曾提過，「抗氧化」是所有生物要防止細胞受傷必備的生理機制，尤其是植物，為了要行光合作用，需要足夠的陽光，但在強烈的陽光下一直曝曬，卻會受到紫外線的傷害，要怎麼解決這個矛盾呢？

大自然很聰明的，凡是行光合作用的植物，都會產生大量抗氧化劑來保護自己。而這些抗氧化劑除了前面提到的維生素C之外，還有許多五顏六色的化學物質，通通屬於科學家所謂的「植物生化素」（Phytochemicals）。

大自然恩賜人類的健康寶庫

「植物生化素」泛指植物的根、莖、葉、果實裡面所有的化學物質，不過近幾年來，營養或醫學專家所謂的「植物生化素」，常常指的就是我在《吃錯了，當然會生病！》裡所說的「植物營養素」（Phytonutrients）。總之，這兩個名詞近幾年漸漸已經通用了，我有時會稱為「植物營養素」，但這本書裡我大多稱為「植物生化素」，其實指的都是同樣的物質。

蔬菜、水果和其他植物具有五顏六色各種繽紛的色彩，除了看起來很漂亮、賞心悅目之外，更重要的是，這些天然色素也是非常重要的營養成分，對植物自己或動物的健康，都大有幫助。例如番茄當中的茄紅素、紅蘿蔔的類胡蘿蔔素、藍莓的花青素、紅葡萄的白藜蘆醇、洋蔥的槲黃素、綠茶的兒茶素、橄欖油的橄欖多酚、松樹皮的原花青素、柳橙的柑橘類黃酮、黃豆的大豆異黃酮等等。這些植物營養素，雖然不是維生素（因為不符合維生素的條件），但對健康的重要性卻不輸給維生素。

人類為了健康，必須從食物中攝取足量的抗氧化劑，但很可惜，現代人由於飲食偏差，食物中的抗氧化劑和植物生化素，遠低於維持健康的基本需求。例如，吃一碗麵、一個便當、一個漢堡、一盒餅乾，其中所含的抗氧化劑和植物生化素能夠有多少？因此，現代人為了健康，必須改變飲食，或是額外補充植物生化素。

無盡妙用尚待發掘

植物生化素是當今科學家最感興趣的研究主題，但是，植物當中的化學物實在太多，功用太複雜，所以至今我們所知道的仍然很有限。

植物生化素大概可以粗分為酚類、萜類、硫化物、蛋白抑制劑、其他有機酸這五大類，其中酚類、萜類、硫化物這三大類，又富含有以下多樣的營養素：

●**酚類（Phenolic Compounds）**：兒茶素（Catechin）、花青素（Anthocyanin）、槲黃素（Quercetin）、沒食子酸（Gallic Acid）、白藜蘆醇（Resveratrol）、芸香甘（Rutin）、單寧酸（Tannin）、薑黃素（Curcumin）、木酚素（Lignan）、鞣花酸（Ellagic Acid）、橙皮苷（Hesperidin）、柚皮素（Naringenin）、大豆異黃酮（Isoflavone）。

●**萜類（Terpenes）**：胡蘿蔔素（Carotene）、茄紅素（Lycopene）、葉黃素（Lutein）、玉米黃質（Zeaxanthin）、檸檬烯（Lemonene）、皂甙（Saponin）、植物固醇（Phytosterol）、生育醇（Tocopherol, 維生素E）。

●**硫化物：**吲哚三醇（Inositol-3-cabinol）、硫配醣體（Glucosinolate）、蘿蔔硫素（Sulphoraphane）、蒜素（Allicin）、蒜胺酸（Alliin）。

在酚類化合物裡面，最大的一群是生物類黃酮（Bioflavonoids），至少有五千種已被發現，研究報告比較豐富。大約十年前，我就開始使用尤加利樹萃取的槲黃素（Quercetin）治療過敏與發炎，效果很好。後來也用富含沒食子酸與其他多酚的野生玫瑰花瓣萃取物治療過敏，效果也不亞於槲黃素。後來我還發現，其實莓類和松樹皮萃取物，也有大量其他的生物類黃酮，只要劑量夠，對抗發炎疾病的效果，非常令人滿意。總之，生物類黃酮是植物生化素裡面最五彩繽紛的營養素，充滿大自然的神奇寶藏，有待現代人多加開發利用。

陳博士小講堂

莓類是抗氧化的佼佼者

●**糖尿病免於截肢的奇蹟實例**

我在巴斯帝爾大學唸書時，校長匹佐諾醫師（Joseph Pizzorno, ND）在課堂上講的一個案例至今影響我非常深遠。很多年前，他有一個糖尿病病人，末梢循環產生病變，外科醫生準備替他截肢，病人坐輪椅來找匹佐諾醫師求救，想知道有什麼辦法可以避免截肢。匹佐諾醫師的建議是「大量吃莓類」，不管是藍莓、刺莓、黑莓、覆盆莓、蔓越莓、草莓、黑醋栗、紫葡萄都可以，最好是每一種都吃。

吃這些莓類的劑量要大才有效，一天至少要兩碗以上，於是匹佐諾醫師就去找果汁工廠，向源頭購買未加工的各類莓類濃縮原汁，給病人服用。說也奇怪，大量食用這些莓類濃縮汁的效果非常神奇，三個月之後，泛黑的雙腳恢復正常，醫生說不必截肢了。

這些莓類含有大量的維生素C、花青素（Anthocyanin）、原花青素（Oligomeric Proanthocyanidins，簡稱OPC）、鞣花酸（Ellagic Acid）等等，就是這些強而有力的天然抗氧化劑和植物生化素，控制了血糖，中和了自由基，強化了結締組織，促進了末梢循環，使得壞死的末梢血管肌肉組織一天一天慢慢起死回生。

●新鮮百分百的濃縮原汁才有效

為什麼要去工廠買大桶的莓類原汁呢？因為，做成市面上販賣的莓類果汁，不但加水稀釋，更加了大量的糖分，而糖分雖然讓果汁變得好喝，但卻大大抵銷了抗氧化劑和植物生化素的功效，所以要達到最大效果，必須使用不加糖、不加任何其他成分的濃縮原汁，買回去之後，放在冰庫裡冷藏，每次倒出一些食用。這些濃縮原汁不加糖其實並不好喝，很澀、很酸，但就是要用這樣的原始型式效果才好。

後來，我也用了莓類治療許多病人，取得良好成效。不只用來治療發炎或過敏，連靜脈曲張都有很棒的效果。很多中年女性大腿和小腿後面有靜脈曲張的問題，嚴重時甚至會疼痛，無法久站。但是每天吃兩碗的新鮮莓類，幾個月之後，就會大幅改善，甚至疼痛消失，本來站五分鐘就會痛，現在可以爬山或逛街一整天。

新鮮莓類在美國比較容易取得，可以到超市購買冷凍的莓類，或是每年產季摘下來冷凍儲存。以前我住西雅圖，後院有一條綿延數英里的小路，兩旁長滿了野生的喜馬拉雅山黑莓。每年八、九月，我會和內人、小孩，拿著菜籃去摘免費的有機黑莓，然後回家冰在冷凍庫裡，吃一整年。

●台灣可用桑椹代替，但寒性體質者要小心

住在台灣的人，雖然很難買到歐美品種的莓類，但本土產的桑椹，卻也是很好的替代品。建議有需要的人每年在四、五月的產季，到台灣中南部的桑椹產地，購買新鮮的桑椹，回家冷凍，也是吃一整年。等到要吃時，取出一兩碗冰凍的桑椹或莓類，放在果汁機裡打一打，每天這樣喝，身體就會奇妙地變好。不過有一點要特別注意，大量攝取這些莓類，尤其是桑椹，會讓身體變寒，所以對於寒性體質的人，最好加一些肉桂粉或乾薑粉，以免吃出問題。至於要加多少，就很難一概而論，必須看個人體質而定。

後來我參加美國和台灣的食品展，常常會注意有沒有什麼廠商，有製造這類濃縮莓類原汁的產品，我好建議我的病人和讀者購買。很可惜，由於濃縮原汁容易衰敗，廠商不是添加了防腐劑，就是加了很多糖（糖分高可以防腐），這兩種形式都不是很健康。我後來在美國找到兩個廠商，有生產不加防腐劑、不加糖的濃縮原汁，

但是運送和儲存需要全程冷藏，這樣也很不方便。

●「水萃」的乾燥萃取粉品質好

最後，我只好考慮第四種保鮮的方法：乾燥萃取粉。用水，可以把這些莓類或其他植物裡面的有效成分，萃取出來，這個方法叫做「水萃」。我把高品質維生素C和歐美優質廠商製造的萃取粉，加水調和之後，不但喝起來就像原汁，而且效果更好，更重要的是非常方便，符合現代人的需求。

我在二〇一〇年和二〇一一年，花了很多時間和體力，在翻新美國住家和整理環境，不擅運動的我，突然大量勞動加上睡眠缺乏，難免會有關節疼痛或韌帶拉傷的問題，結果發現使用松樹皮和莓類的萃取粉，有很快速的修復效果，每天大量使用的話，效果並不比天然硫辛酸差。硫辛酸是抗氧化的祕密武器，會在下面仔細介紹。

總之，很多強效的植物生化素，常常就在你我周遭，我們不但要珍惜，更要懂得如何正確使用，使身體保持在最佳狀態，以免浪費了上天的恩賜。

和維生素C一起吃效果更好

生物類黃酮的研究歷史，可以追溯到八十年前。當時生物類黃酮曾經一度被稱為維生素P，是維生素C之父的艾伯特・聖喬治（Albert Szent-Györgyi）在無意中找到的。

這故事是這樣子的，話說匈牙利科學家聖喬治在一九二八年第一次從柑橘中分離出維生素C之後，發現維生素C相當重要，所以他用百分之百人工合成的維生素C治療壞血病，但效果不如天然食物來得好，例如用檸檬汁的效果比人工合成維生素C好。他想會不會是檸檬中除了維生素C外，還有其他未知成分與維生素C搭配形成協同作用，所以單獨使用維生素C效果並不好？那另外一個成分是什麼呢？於是七年之後，在一九三五年，他從檸檬中分離出檸檬素（Citrin）這一種生物類黃酮。發現這種生物類黃酮之後，聖喬治很高興，以為又找到了另一個人體不可或缺的維生素，所以他把這個生物類黃酮取名為「維生素P」。

在自然界當中，生物類黃酮永遠會和維生素C同時存在，你找不到哪一種植物裡面只含維生素C，不含生物類黃酮的。所以，我們在服用維生素C時，如果模擬自然的組合，同時服用生物類黃酮，則有加乘的效果，這就是我常說的一加一大於三。

命名維生素P，貼切且意義重大

或許有人心裡會有疑問，維生素P（生物類黃酮）既然這麼好，為什麼後來要取消維生素P這樣的稱呼呢？一九三八年，聖喬治在報告中指出，他無法證實缺乏生物類黃酮時人會生病，所以也就不符合維生素的第一個條件。要符合維生素的條件，第一是維持生命所必需，第二是人體不能自行製造。後來，科學家蒙羅（Munro）也在一九四七年，證實缺乏維生素P並不會導致疾病，所以在一九五〇年，美國食品藥物管理局（簡稱FDA）就取消維生素P這個稱呼。

以自然醫學的立場來看，認為維生素P的命名是成立且合理的。誠如前面所說的，維生素P是一個非常龐大的集團（已知生物類黃酮多達五千多種），和維生素A、C、D、E等由一個分子所組成的單純結構不一樣。單純的分子結構很容易做實驗，可以清楚知道缺乏時身體會出現哪些疾病；但維生素P種類太多，如果只拿走其中一種生物類黃酮做實驗，可能不會產生疾病，如果拿掉所有的生物類黃酮，對人體才會造成影響。

所以，難怪聖喬治認為維生素P非常重要，但又無法證實它是人不可或缺。總之，維生素P和維生素C都是維持人體健康非常重要的營養素，大量存在於蔬菜水果當中，必須攝取足夠，否則就容易罹患慢性疾病。

幾種臨床常用的的生物類黃酮

生物類黃酮	功效
槲黃素	槲黃素是一種廣效的生物類黃酮，抗過敏、抗發炎的效果很不錯。
兒茶素	喝茶之所以對人體好，就是茶中的兒茶素。兒茶素可以抗發炎、抗腫瘤、預防冠心病。如果補充兒茶素的營養品，必須檢驗其中的農藥殘留，因為茶葉噴灑農藥很普遍。
花青素	花青素存在深藍、深紫色的蔬果中，例如藍莓、紫葡萄就富含花青素。
原花青素	原花青素在台灣是名氣很大的抗氧化劑營養品，講原花青素可能知道的人不多，但講OPC很多人就聽過。松樹皮、葡萄皮、葡萄籽都有很多原花青素，對抗氧化、消炎、抗過敏的效果相當不錯。
大豆異黃酮	黃豆裡面含有豐富的大豆異黃酮，也屬於一種生物類黃酮，是一種雙向調節的植物雌激素，可以預防骨質疏鬆和更年期症候群。

陳博士小講堂

維生素P命名由來

為什麼生物類黃酮叫做維生素P呢？而不是其他英文字母呢？事實上，這是有原因的。

●由來一：發現時不確定是否符合維生素的條件

發現生物類黃酮時，聖喬治無法確定生物類黃酮是否符合維生素的條件，如果用字母順序比較後面的P，哪天證實不是維生素，也不會多占了維生素的字母排序。

●由來二：生物類黃酮可以降低微血管的滲透性（Permeability）

聖喬治因為維生素C得到諾貝爾獎，在頒獎演說中，他提到了為什麼把生物類黃酮命名為「維生素P」。他認為P代表「Permeability」（滲透性），而生物類黃酮能夠降低微血管的滲透性。一般人或許不了解降低微血管滲透性的重要，當身體過敏、發炎時，微血管的滲透性會提高，導致白血球可以從血管滲透到組織裡，甚至許多其他毒素也可能因為微血管的滲透性增加而釋放出來，會讓身體發炎或過敏情況變得更嚴重。如果可以降低血管滲透性，就可以緩解發炎症狀。

●由來三：生物類黃酮與紫斑、瘀斑這些疾病都非常有關係，都是P開頭的

聖喬治等科學家一直都在研究維生素C與紫斑症（Purpura，微血管脆弱、皮下容易出血的一種疾病），以及瘀斑（Petechiae）的關係。而科學家也進一步發現生物類黃酮，與紫斑、瘀斑等疾病關係密切，可以用來治療微血管脆弱的問題。剛好紫斑症與瘀斑的英文都是P開頭的，所以叫做維生素P，也算名符其實。

維生素P如果單指生物類黃酮會比較狹義，我認為應該擴大到泛指多酚類（Polyphenol）的營養素，而多酚的英文字母開頭是P，所以稱多酚為維生素P也不錯。

二十碳酸

亦敵亦友的必需脂肪酸

講到這裡，我想大家都很清楚，如果想要有健康的身體、避免生病，最好的方式就是不要讓身體的發炎失控，要怎樣可以達到這個目標呢？除了先前提過的水溶性抗氧化物和植物生化素之外，還有一個很重要的營養素，那就是脂溶性的二十碳酸（Eicosanoids）。

想要避免身體發炎失控，談到油這方面，首先要做到的，是「多吃好油，少吃壞油」，尤其要避開生活中的氫化油和氧化油這些壞油，但是這個議題我已經在以前的書中談得很詳細了，我在本書就不多說。在這裡，我們要介紹的，是另外一種油，叫做「二十碳酸」。

不管是好或壞，都是人體所必需

「二十碳酸」顧名思義指的是一些含有二十個碳的必需脂肪酸。二十碳酸有好幾種，有些可以幫助身體對抗發炎，就好像是我們的朋友一樣，我們可以暱稱它為「好的二十碳酸」；有些則會促進發炎，好像敵人一樣，我們可以暱稱它為「壞的二十碳酸」。

不過，讀者也不必把好與壞看得太絕對，這種暱稱，目的只是讓我們容易理解而已。其實，促發炎的「壞的二十碳酸」也是有存在的必要，身體該發炎的時候才會發炎。因為，

常見種子食物的含油量與脂肪酸比例一覽表

	含油量	Omega-3 不飽和脂肪	Omega-6 不飽和脂肪	Omega-9 不飽和脂肪	18 碳 飽和脂肪	16 碳 飽和脂肪
大麻籽	35%	20%	60%	12%	2%	6%
亞麻籽	35%	58%	14%	19%	4%	5%
南瓜籽	47%	0-15%	42-47%	34%	0	9%
大豆	18%	7%	50%	26%	6%	9%
核桃	60%	5%	51%	28%	5%	11%
小麥胚芽	11%	5%	50%	25%	18%	0
月見草籽	17%	0	81%	11%	2%	6%
紅花籽	60%	0	75%	13%	12%	0
葵花籽	47%	0	65%	23%	12%	0
葡萄籽	20%	0	71%	17%	12%	0
玉米	4%	0	59%	24%	17%	0
花生	48%	0	29%	47%	18%	0
杏仁	5%	0	17%	78%	0	0
橄欖	20%	0	8%	76%	16%	0
酪梨	12%	0	10%	70%	20%	0
椰子	35%	0	3%	6%	0	91%
棕櫚籽	35%	0	2%	13%	0	85%
腰果	42%	0	6%	70%	18%	0
苦茶籽	52%	1%	8%	80%	2%	9%

我們在【Part 1 觀念篇】已經說得很清楚，「發炎，並不是一件壞事」，在某些場合，我們還是需要藉由發炎來清除外來物與修復細胞。所以，「好」與「壞」的二十碳酸都是「必需脂肪酸」。必需脂肪酸的意思是，這些脂肪酸人體不會自行製造，為了健康，必須從食物中攝取。

常見的二十碳酸，我們可以根據它們的分子結構，分為 Omega-3、Omega-6、Omega-9 這幾種。Omega-3 最常見的來源，就是大家最耳熟能詳的亞麻仁油、魚油、海豹油。Omega-6 就很普遍，存在於大部分蔬果、種子與動物性脂肪、月見草油裡面。Omega-9 則存在苦茶油、橄欖油、杏仁、酪梨、腰果等食物裡面。

Omega-3、Omega-6 的體內轉換機制

Omega-3、Omega-6、Omega-9 有的是十八碳酸、有的是二十碳酸、有的是二十二碳酸。每一種脂肪酸進入身體以後，會進行一連串的代謝，例如 Omega-3 當中的 ALA 是十八碳酸，在亞麻仁油中含量很豐富，進入人體後，透過酵素的作用，會轉變成二十碳酸的 EPA，再轉變成二十二碳酸的 DHA，最後變成第三系列前列腺素（PGE_3），請參見第一四七頁「Omega-3、Omega-6 在人體內轉換示意圖」。

由於它們會互相轉換，這裡所謂的二十碳酸，比較是廣義的，包含十八個碳、二十個碳及二十二個碳的脂肪酸。如果狹義來看，應該只有 EPA 和 AA 兩個。

EPA和DHA存在於魚類、海豹、母乳當中，是人體最容易使用的Omega-3，吃入體內之後，很容易就轉換成第三系列前列腺素（PGE_3），協助身體抗發炎、消水腫、降血壓，這就是多吃魚油或海豹油可以抗發炎、抗過敏、預防腦心血管疾病的重要機制。

亞麻仁油也是很好的Omega-3來源，裡面含有ALA，如果進入體內能夠順利轉換，也會變成第三系列前列腺素（PGE_3），幫助身體抗發炎。對於素食者來說，是最佳的抗發炎脂肪酸攝取來源。但是，有些人體內會缺乏轉換ALA的酵素，導致吃了亞麻仁油之後，抗發炎效果並不明顯。這也就是臨床統計上，魚油和海豹油的療效比亞麻仁油來得好的原因。為了經濟效益，也為了環保，我鼓勵盡量食用亞麻仁油，但如果效果不顯著，為了健康也只好改用魚油或海豹油。注意，這裡的ALA，和硫辛酸的縮寫雷同，但兩者卻是完全不同的物質。

至於花生四烯酸（AA）這種二十碳酸，廣泛存於所有的陸上動物的脂肪裡面，它在人體內，會轉變成第二系列前列腺素（PGE_2），這是會促進發炎的荷爾蒙，所以，**對於身體容易發炎失控的人來說，應該少吃花生四烯酸，也就是要少吃雞肉、鴨肉、牛肉、豬肉，而要多多補充亞麻仁油、魚油、或海豹油。**

有人可能會問，我為什麼不直接說多吃魚肉呢？除了魚肉要注意污染的問題以外，我們還必須要知道，其實魚肉裡面還是含有少量的花生四烯酸，對於治療期的病人，還是應該服用萃取出來的Omega-3補充品，等到症狀消除，進入保養期之後，才只靠魚肉

Omega-3、Omega-6 在人體內轉換示意圖

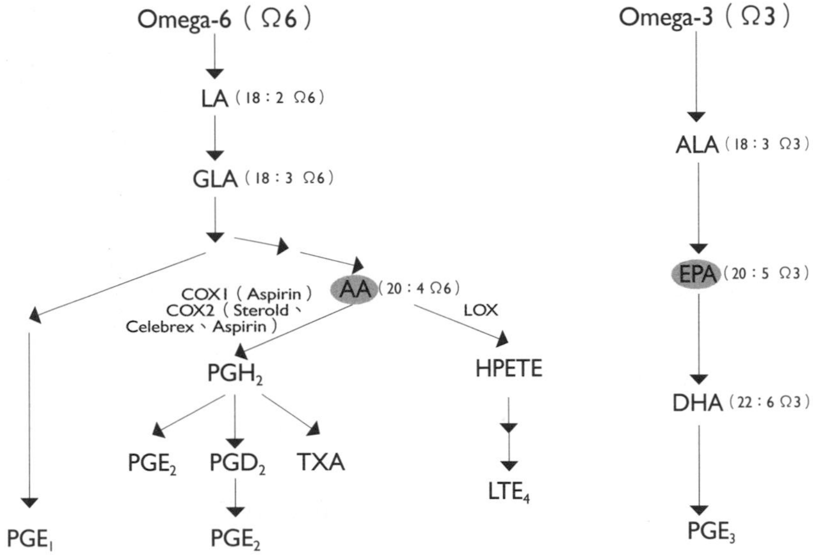

補充。而且，應該以野生魚類為主，因為野生動物吃的是野外植物，體內的 Omega-3 含量較高，養殖的動物因為飼料的關係，體內 Omega-3 較少。

大多數的蔬菜、水果和種子，含有 LA 和 GLA 這些 Omega-6 脂肪酸，在體內有可能轉變成花生四烯酸（AA），也有可能轉變成第一系列前列腺素（PGE_1）。如果變成第一系列前列腺素還好，因為它和第三系列前列腺素（PGE_3）一樣都屬於抗發炎的荷爾蒙，但如果走 AA 那一條路，就會變成第二系列前列腺素（PGE_2），那就是促發炎了！所以，吃太多 Omega-6 是有風險的，有可能讓發炎失控（參見「Omega-3、Omega-6 在人體內轉換示意圖」）。

陳博士小講堂

Omega-3、Omega-6、Omega-9 命名由來

　　為什麼叫做 Omega-3、Omega-6、Omega-9 呢？這是根據它們的化學結構來命名的。這些必需脂肪酸都是由一長串的碳水化合物所組成，有的是十八個碳，有的是二十個碳，也有二十二個碳組成的。所謂的 Omega-3，就是指這一長串的分子結構，從左邊數來的第三個碳如果是雙鍵，那就是 Omega-3。但如果是從左邊數來的第六個碳是雙鍵，那就是 Omega-6。以此類推，由左邊數來第九個碳是雙鍵，就是 Omega-9。

Omega-3、Omega-6、Omega-9 化學式一覽表

Omega-3 化學式

H-C-C-C=C-C-C-C-C=C-C-C-C-C-C-C-C-C-C-O-H

Omega-6 化學式

H-C-C-C-C-C=C-C-C=C-C-C-C-C-C-C-C-C-C-O-H

Omega-9 化學式

H-C-C-C-C-C-C-C-C-C=C-C-C-C-C-C-C-C-C-O-H

148

發炎，並不是件壞事

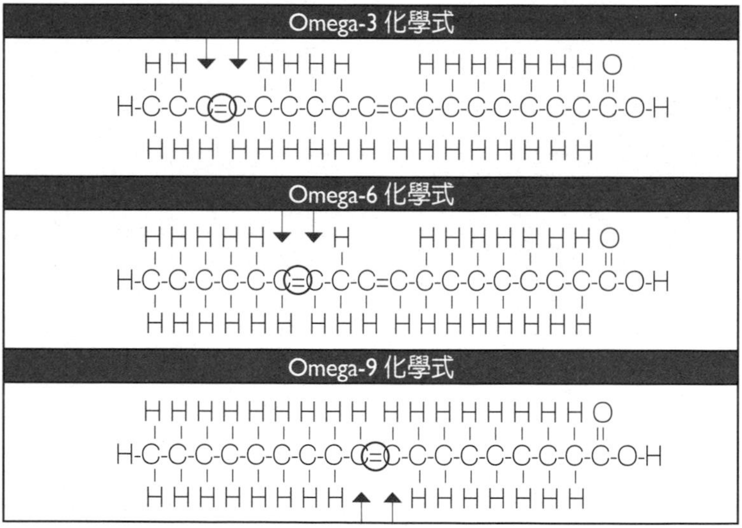

Omega-6與Omega-3的比例失衡，也是發炎失控主因

現代人之所以會有這麼多發炎的疾病，除了反式脂肪和油炸物吃太多、新鮮有機蔬果吃太少之外，其實飲食中Omega-6與Omega-3的比例失常也是一個很常見的原因。以美國人來說，目前大多數人的比例是Omega-6：Omega-3＝十六：一，換句話說，Omega-6實在吃太多了，因此身體傾向發炎反應。九十年前的美國人是很健康的，他們體內的比例是Omega-6：Omega-3＝二：一，那時候的美國人身體不容易發炎。現代美國人動不動就發炎，就是因為吃太多Omega-6的關係。日本人在繩紋時代的比例是很完美的，據調查是Omega-6：Omega-3＝一：一，如果保持在這個比例，頭腦會很聰明、記憶力很好、發炎很有效率，身體處於一個很健康平衡的狀態。現代人要做到這個比例很難，美國營養專家多半建議要保持在Omega-6：Omega-3＝四：一，而少數比較嚴謹的專家認為應該在Omega-6：Omega-3＝三：一以下會更好。

從「常見種子食物的含油量與脂肪酸比例一覽表」（見第一四四頁）可以看出來，日常食用油的Omega-6：Omega-3比例實在很不理想，甚至很多油含有大量Omega-6，卻幾乎不含Omega-3，例如玉米油、葵花油、大豆油、葡萄籽油、月見草油，難怪現代人的比例失控。這也是我鼓勵多吃苦茶油、橄欖油或椰子油的原因之一，因為這三種油比較不會增加Omega-6的負擔。

那麼，到底要補充多少Omega-3呢？怎麼知道平時蔬菜和堅果裡面的Omega-6是

不是吃太多呢？怎麼知道所吃的亞麻仁油會不會轉換成身體所需要的第三系列前列腺素（PGE_3）呢？有兩個方法：第一個，就是我在第七十四頁提到的AA/EPA抽血檢測法，這是客觀的科學方法，請參考。第二個方法，就是評估自己的症狀或病程是否好轉。雖然第二個方法比較主觀，但對於細心敏銳的人，他就可能會感覺到過敏症狀減緩、疼痛減退、手腳變溫暖，或是體能增進等等。

還在用西藥消炎嗎？花錢又傷身

類固醇是早期常用的消炎藥，類固醇有一個很傳神的外號，叫做「美國仙丹」。不管是哪裡發炎、過敏、腫脹、疼痛，或不知名的疾病，只要投以類固醇，通常很快就會看到療效。身體發炎時，表示體內的免疫反應過於亢進，吃類固醇藥物或擦類固醇軟膏就能達到壓抑發炎或過敏的效果。但問題是，類固醇會有很多副作用，例如血壓升高、容易感染（因免疫系統被壓抑了）、感冒頻繁，甚至造成外型改變，例如變成月亮臉、水牛肩、青蛙肚等庫欣氏症（Cushing's Syndrome）的病徵，其他比較小的副作用則包括：易餓、易水腫（因鹽與水分容易滯留所導致）、情緒搖擺不定、腸胃道易出問題、青春痘、月經不規則等等。除此之外，從自然醫學的角度來看，經過類固醇壓抑的疾病，通常會再發，或是反覆發作，病況可能會越變越差。由此可見，不管是西醫或自然醫學醫師，都不鼓勵使用類固醇藥物。我個人認為，類固醇可以用來緊急救命，但平時不要亂用。

由於類固醇的副作用比較多，最近幾十年來，西醫師和西藥師比較傾向於使用非類固醇藥物（NSAID）這類的消炎藥，例如阿斯匹靈（Aspirin）、希樂葆（Celebrex）。這類非類固醇藥物之所以能達到抗發炎的原因，就是因為抑制了「花生四烯酸」（AA）這個「壞的二十碳酸」在體內轉變成「第二系列前列腺素」（PGE_2）的過程。換句話說，就是讓壞的二十碳酸不要作怪。

非類固醇藥物剛開始研發出來時，美國的西藥廠總是信心滿滿，認為這類藥物的副作用很少，因而大力推廣，但使用十多年後就發現，其實副作用非常多，常常導致最後不得不回收。現在醫學界已經證實，不論是類固醇或非類固醇藥物都有副作用，例如腸胃道不適、消化不良、胃潰瘍出血、腎功能不全、肝功能異常、頭暈頭痛、嗜睡、過敏、氣喘、蕁麻疹等等；尤其，有些非類固醇消炎藥對人體傷害很大，長期服用容易導致高血壓、心臟病、腦中風等心血管疾病。

陳博士小講堂

西醫消炎藥如何消炎？

西藥商研發出來的非類固醇藥物（NSAID），就是利用花生四烯酸（AA）轉成第二系列前列腺素（PGE_2）的特性，找出兩條途徑來對抗發炎。第一條是抑制花生四烯酸透過環氧合酶（COX）轉成第二系列的前列腺素（PGE_2），這類非類固醇藥物簡稱為還氧合酶抑制劑（COX Inhibitor）。另外一條途徑，就是抑制花生四烯酸透過脂氧化酶（LOX）轉化成白三烯素（LTE_4），白三烯素也是造成人體過敏的一種強力發炎介質（詳細路徑，請參考第一四七頁的圖示）。總之，**非類固醇藥物是透過壓抑花生四烯酸的轉變，以壓抑身體發炎，達到消炎的目的。**

環氧合酶分為環氧合酶 1（COX-1）及環氧合酶 2（COX-2），掌管身體腸胃道黏膜的完整性，如果服用阿斯匹靈這類的 COX-1 抑制劑，雖然身體會消炎，但同時也破壞了腸道的完整性，容易造成胃潰瘍、胃出血、胃穿孔等腸胃道破損，這是服用阿斯匹靈最被詬病的缺點。後來西藥商又發現使用 COX-2 抑制劑的藥物可能比較好，因為 COX-2 掌管身體發炎，在發炎部位常會有大量 COX-2 存在，因此研發了 COX-2 抑制劑，但還是發現有其他副作用，例如出現失眠、肚子痛、腹脹、脹氣、頭痛、噁心、腹瀉、出血、腎衰竭、血栓增加，甚至有腸道出血的問題。

非類固醇藥物（NSAID）中的 COX-2 抑制劑，本來有好幾種，但都因為副作用太大，例如增加心臟病和腦中風的風險而面臨被回收的命運，例如二〇〇四年回收偉克適（Vioxx）、二〇〇五年回收伐地考昔（Bextra），目前只剩下希樂葆（Celebrex），這是全美唯一僅存的 COX-2 抑制劑消炎藥。

為什麼不用天然的消炎藥？

不管是環氧合酶1（COX-1）或環氧合酶2（COX-2）抑制劑，這類的人工消炎藥都有它的副作用，而且可能都不便宜。例如，全美唯一僅存的環氧合酶2抑制劑希樂葆（Celebrex）目前的售價是六十顆美金一百五十元（每顆二百毫克）。和營養補充品比起來，售價貴很多，而且會有副作用。那麼，我們為什麼不使用天然的消炎藥呢？

Omega-3是最好的脂溶性天然消炎藥，不但售價便宜許多，最重要的是沒有副作用。它的作用機制，也是透過二十碳酸的途徑，但它不是抑制花生四烯酸，而是去補充好的二十碳酸，產生抗發炎的前列腺素，和壞的前列腺素形成一個消長，好像蹺蹺板的原理。**補充亞麻仁油、魚油、海豹油這類Omega-3的原理是「順其自然」的消炎法，是人類在大自然的原始生活中，本來應該做到的，上帝造人時已經設計好的原理，是不會有副作用的。**現代人容易發炎，是因為飲食偏差，Omega-3攝取太少，Omega-6和花生四烯酸攝取太多導致。

最後有一點要注意，人體內EPA轉成DHA再轉成第三系列前列腺素（PGE_3），需要礦物質鋅、鎂與維生素C、B_3、B_6的參與，這些協助酵素作用的重要物質，稱為輔酶。不管你吃的是亞麻仁油或是魚油，體內應該有足夠的輔酶，才能順利把二十碳酸順利轉換成抗發炎的前列腺素，這一點要注意，才不會前功盡棄。說不定吃亞麻仁油沒有效的人，補充輔酶之後，可以慢慢產生效果。

天然消炎聖品大公開

除了維生素C和二十碳酸之外，其實在自然界還有很多天然消炎物質，如果使用得當，效果並不會比西藥還差。在這裡，簡單介紹幾種自然界消炎聖品，大家可以各取所需。

1.生物類黃酮：生物類黃酮可以抗氧化之外，還能抑制還氧合酶2讓身體不容易發炎，這也是植物能抵擋紫外線照射的重要法寶。在二十幾種生物類黃酮中，下列五種含有還氧合酶2抑制劑的天然消炎效果，例如槲黃素（Quercetin）、白黎蔾蘆醇（Resveratrol）、金雀異黃素（Genistein）、山奈（Kaempferol）、間苯二酚（Resorcinol）。其他還有很多生物類黃酮也是有消炎效果，只是還未經研究證實。

2.薑黃：薑黃是人類使用歷史很久的天然食品與藥品，至少西元前六百年印度就已經將薑黃用在食物和藥物中，而中醫使用薑黃的時間又比印度人更早。薑黃可同時抑制身體形成第二系列前列腺素（PGE_2）及白三烯素（LTE_4），對大部分過敏及發炎都有效。

根據國外藥理博士實驗發現，在急性抗發炎時，薑黃素的效果和類固醇一樣好；在慢性發炎時，抗發炎的效果能達到一半西藥的功效。另外臨床上也發現，薑黃粉可以降低類風濕性關節炎的疼痛和僵直，並且手術後使用薑黃粉，其止痛消炎的效果甚至比非類固醇藥物還要好。總之，薑黃素是非常好的天然藥品，美國某天然藥物公司有一個產品，把薑黃粉做成很容易吸收的形式，號稱天然的止痛藥。

3. 薑：薑的效果也是屬於環氧合酶2和脂氧化酶的抑制劑，對消炎非常有效。中醫使用生薑、乾薑已有幾千年的歷史，是非常安全的天然藥物。如果身體虛寒、易發炎，可在食物中加入薑，用來炒菜、煮湯都可以，或是當茶水喝，像是粉薑茶、薑檸茶等。

4. 乳香：歐美常用草藥，治療關節炎效果明顯，是脂氧化酶的抑制劑，無副作用。

5. 柳樹皮：柳樹皮含有水楊酸（Salicylic Acid）成分，早在一百多年前，美國的自然醫學醫師就已經在用柳樹皮來治療類風濕性關節炎，後來藥廠便用人工合成的方式製成西藥阿斯匹靈，但製成西藥後只含水楊酸，缺乏其他制衡的成分，因此副作用特別強，但原本的天然藥物副作用是很低的。

6. 啤酒花：啤酒花（Hops）是釀啤酒的重要成分，也是天然的還氧合酶2抑制劑，抑制效果九小時，臨床上發現吃啤酒花的萃取物等於吃了布洛芬（Ibuprofen）四百毫克的止痛藥。既然有天然的藥物可以達到同樣的效果，為何要吃人工西藥呢？在美國有人將啤酒花作成天然藥物放入膠囊、或泡茶來喝，這作法不錯。但要注意寒熱屬性，因為啤酒花偏寒，給熱性體質的人服用比較合適；薑偏熱，就給寒性體質的人服用；至於生物類黃酮、柳樹皮、乳香就沒有明顯的寒熱屬性，都可以用。

抗發炎的祕密武器

有人抽菸、喝酒、很少吃蔬菜水果，卻也活得很健康；反觀，有人每天吃有機蔬菜，菸酒不沾，卻還是體弱多病。這種不公平的待遇，你聽說過嗎？沒錯，每一個人的體質不同，有人天生就是容易感冒、容易有靜脈曲張、容易發炎，但是有人天生就是不容易生病。在營養學上和生理學上，我們要如何解釋這體質不同的現象呢？

身體裡面的抗氧化劑，彼此會互相影響。講得比較精確一點，體內五種抗氧化劑，也就是維生素C、維生素E、硫辛酸、穀胱甘肽、輔酶Q10，彼此之間會有一種動態的交互作用，稱為「抗氧化物網路」（Antioxidant Network）。如果我們把自由基比喻成籃球，那麼這五個抗氧化劑會像打籃球一樣，把自由基傳來傳去。

當維生素C去還原受損的組織，而自己被氧化之後，它就失去抗氧化劑的效用。但是，透過這個網路，硫辛酸可以去還原維生素C，把具破壞性的自由基拿過來，因此使維生素C死裡復活，維生素C可以重新恢復它的抗氧化工作。至於硫辛酸呢，沒關係，人體有特殊的機制，可以自行還原它。

硫辛酸是其他抗氧化劑的偉大靠山

這可是一個天大的好消息，原來維生素C背後有一個「偉大的靠山」——硫辛酸。當維生素C陣亡了，硫辛酸可以賜與它新生命。如此一來，不能製造維生素C的動物（例如人類），如果體內的硫辛酸足夠，就不必攝取大量的維生素C。也就是說，有些人吃的蔬菜水果很少，甚至煮熟之後，維生素C被破壞很多，但他的身體靠僅有的一些維生素C，藉由「大靠山」硫辛酸的幫忙，就可以不斷還原維生素C，而維持健康。

這個機制，終於解開我心裡多年的疑問，為什麼有人可以吃少量的蔬果，卻還是很健康。但我自己就是要吃很多維生素C，才能避免發炎和過敏。因為，有些人很會製造硫辛酸，而有些人卻因為遺傳或毒素干擾，不能有效製造硫辛酸。

硫辛酸在食物中很少見，大約三公斤的菠菜，才含有一毫克的硫辛酸，體內的製造也非常微量，大約十公噸的牛肝，才能萃取出三十毫克的硫辛酸。既然體內製造不足，那我們可不可以用營養品的方式補充呢？答案是可以的。但問題是，人工合成的硫辛酸，會有R和S兩種型式，而天然的硫辛酸是R式的。如果我們服用人工合成的硫辛酸，就會同時吃下R和S兩種型式，S型式的硫辛酸，是地球上不存在的物質，不但身體無法辨識它，甚至會干擾R式硫辛酸的生理作用。

終於製造出天然的R式硫辛酸了

多年以來，科學家和營養品廠商一直在尋找分離R與S式硫辛酸的方法。幾年前，我在台灣聽說有些營養品公司願意重金懸賞能找到天然硫辛酸的人，但一直都找不到。很慶幸地，大約在二〇〇六年左右，美國的某科技公司終於可以用特殊的技術分離R和S，並且正式量產。二〇一一年的夏天，我在加州親自試用等同天然的R式硫辛酸之後，非常肯定它的效果。我認為它是抗氧化劑的祕密武器，很多人還不曉得它的強大功效，更多人不曉得現在的技術已經可以量產天然的R式硫辛酸。

硫辛酸兼具水溶性和脂溶性，它既可以還原維生素C，亦可以還原維生素E，大約是維生素C和維生素E加起來的四百倍，因此號稱「萬能抗氧化劑」。事實上，硫辛酸不但是抗氧化網路的中心，更是所有抗氧化劑的靠山，是目前發現最強的抗氧化劑。

硫辛酸的神奇功效所向披靡

功效一：預防和治療腦中風

腦中風是由於腦細胞缺氧而造成傷害，柏克萊大學的派克實驗室證明，如果注射硫辛酸，可以使中風的死亡率從八十%降到二十五%。開發腦中風的藥物最困難的地方，是絕大部分藥物無法穿越血腦屏障（Blood- Brain Barrier），但是硫辛酸可以，而且可以還原腦細胞中的穀胱甘肽，去發揮抗氧化和抗發炎的神聖任務。

功效二：提升體能抗老化

柏克萊大學的艾米斯教授（Bruce Ames, PhD）發現硫辛酸和乙醯肉鹼（Acetyl-L-Carnitine）一起服用，可以使粒線體能量製造提升，而使年邁動物恢復年輕活力。

功效三：治療肝臟壞死

毒鵝膏蕈（Amanita phalloides）是一種毒性很強的菇類，俗稱死亡帽（Death Cap），外觀長得像可口的蘑菇，只要吃下半個蕈蓋，就會破壞肝臟致死，我在《怎麼吃，也毒不了我》提到如何用奶薊籽救回誤食者的故事。但是，美國的柏克森醫師（Burton Berkson, MD, PhD）卻是用硫辛酸注射，救回了很多宣告不治的毒菇誤食者，並且讓它們的肝臟完全恢復機能。柏克森醫師也用口服硫辛酸，治癒了各種不同肝病患者。

美國國家衛生研究院（National Institute of Health）的巴特醫師（Fred Barter, MD）和新墨西哥聯合醫學中心總裁的柏克森醫師是全美使用硫辛酸治病最有經驗的先驅，他們發表一項成果：七十九名肝臟完全損傷的病患中，使用硫辛酸後，有七十五名迅速康復。

功效四：改善糖尿病的末梢神經血管病變

德國海涅大學（Heinrich Heine University）的研究發現，三百二十八名患有糖尿病神經病變的病患，每天服用六百毫克和一千兩百毫克的硫辛酸，連續三週，疼痛大幅減輕，麻木感改善，並且有神經再生的現象，但服用一百毫克則無效。糖尿病患的血糖失控，會導致末梢組織的自由基增加，並且加速葡萄糖和蛋白質的結合，產生不可逆的「進階糖化終端產物」（AGEs），而每天服用硫辛酸六百毫克則可防止這些退化性病變的發生。

這種蛋白質糖化的現象，如果發生在血管末梢，就有可能導致失明、截肢、洗腎；如果發生在眼睛，就可能產生白內障化或夜盲；如果發生在冠狀動脈管壁的膠原蛋白，就有可能心臟病發作；如果發生在關節的軟骨或韌帶的膠原蛋白，就會導致關節炎。

總之，硫辛酸兼具水溶性和脂溶性，既能跨越細胞膜，進出細胞，又能穿越血腦屏障，在體內通行無阻，是萬能的超級抗氧化劑。

補充硫辛酸的三個須知

須知一：硫辛酸對諸多症狀與疾病具有廣泛療效

硫辛酸可以幫助還原其他的抗氧化劑（維生素C、維生素E、穀胱甘肽、輔酶Q10），達到保護心臟、預防腦中風、治療腦中風後遺症、預防老年失智症、穩定血糖、提高能量、消除疲勞、增強記憶力、促進末梢循環、預防肌膚老化、減少皺紋、預防白內障、抑制腫瘤基因、螯合重金屬以排出體外等等功能。

使用硫辛酸可獲得改善的疾病如下：糖尿病、急慢性肝病、肝硬化、肝昏迷、脂肪肝、心臟病、腦中風、動脈硬化、愛滋病、牛皮癬、濕疹、多發性硬化、類風濕性關節炎、紅斑性狼瘡、硬皮症、白內障、視網膜病變、燒燙傷、帕金森氏症、老年失智症等等。

須知二：口服穀胱甘肽遠不如硫辛酸有效

穀胱甘肽是細胞內非常普遍，也非常重要的抗氧化劑，例如癌症、愛滋病、自體免疫疾病患者體內穀胱甘肽的濃度都大大不足，但是口服穀胱甘肽卻沒有效，因為還沒到達細胞之前，已經被消化酵素分解了。可喜的是，硫辛酸可以還原穀胱甘肽，所以口服或注射硫辛酸，都可以間接提高體內的穀胱甘肽濃度，達到治病效果。

須知三：服用硫辛酸的常用劑量

一般保養每天服用一百至兩百毫克，治療發炎疾病則可提高到四百毫克，如果是治療糖尿病的末梢血管病變，則建議六百毫克。早餐與午餐後一小時服用較佳，不建議睡前服用，因為硫辛酸會提高能量，如果睡前服用，有可能會多夢淺眠。建議使用天然的R式硫辛酸，目前尚無發現任何副作用。

陳博士小講堂

硫辛酸到哪裡買？

在美國，硫辛酸屬於保健營養品，你可以很容易在營養品專賣店買到人工的硫辛酸（ALA），最近幾年開始，也可以在少數地點買到等同天然的R式硫辛酸（R-ALA）。什麼是等同天然呢？用人工合成的方法，製成和天然結構一模一樣的分子，就稱為等同天然，雖然和天然萃取的製程不同，但有些難以萃取的天然營養素，如果使用等同天然等級，其實效果也和天然的分子一樣。

硫辛酸在日本非常暢銷，在二〇〇五年是健康食品類全國銷售榜的第三名。二〇一一年九月底，我到日本，發現在一般超市都可以買到硫辛酸，但全日本的硫辛酸目前都是人工的，還買不到等同天然的。至於台灣呢？由於食品法規的不合理，在台灣硫辛酸被列為藥品，不能以食品買賣，也不能贈送，即使透過醫藥管道取得硫辛酸，也是人工的，至今無法取得等同天然的R式硫辛酸。

從硫辛酸的購買方便性來看，美國比日本進步，日本又比台灣進步。台灣的食品衛生管理法第十一條第九款，限制了許多好東西進來台灣，這是身處台灣的無奈，原因詳見《怎麼吃，也毒不了我》第一三一頁，唯一的解套辦法，只有修法一途。

酵素

酵素的服用方法是關鍵

之前提到，市面上常用的酵素營養品包含蛋白酵素、脂肪酵素、澱粉酵素、纖維酵素這四種。很多人不知道，同樣的酵素，依照服用的時間不同，它有兩種截然不同的功效。

如果想要幫助消化道分解食物，改善消化不良的問題，那就要在用餐時和餐後半小時內，服用蛋白酵素、脂肪酵素、澱粉酵素等這三種綜合酵素，它可以彌補體內胰、肝、胃、腸所分泌消化酵素的不足，幫忙分解食物裡面的蛋白質、脂肪、澱粉。

如果想要抗發炎，那麼就要在餐與餐之間的空檔，補充蛋白酵素和脂肪酵素。空腹服用酵素，胃腸裡沒有食物的干擾，吃下去的酵素很快就被吸收到血液循環當中，去分解血管裡面的發炎介質（通常是蛋白質分子）、代謝廢物、不良脂肪酸。

在美國的自然醫學診所裡，空腹服用酵素是常用的抗發炎療法，可以協助抗氧化劑、Omega-3二十碳酸、和抗發炎草藥，以達到抗發炎的加乘效果。

喝抗氧化的好水，幫助抗發炎

水污染問題在台灣與中國大陸的某些地區相當嚴重，除了要把水中的各種污染、重金屬、農藥、氯氣濾掉，變成「潔淨水」之外，如果可以運用現代科技，將水的活性氫含量提高，讓電位差降下來，那麼，它就更具有治病的效果，達到更高境界的「抗氧化水」，如此一來，不但會讓大家變得更健康，而且也可以節省很多不必要的醫藥開銷。既然靠喝水就可幫身體對抗疾病，那為什麼不喝呢？

想必讀者已經很清楚，慢性疾病的起因，大多是因為發炎在作怪，所以避免發炎失控是治療各種慢性疾病的基礎工作。本篇也清楚列舉各種抗發炎的營養素，例如抗氧化劑、Omega-3 二十碳酸、植物生化素、天然硫辛酸、蛋白酵素等等。

多年來，我一直在想，有沒有可能找到一種水，讓它具有抗氧化的功能，幫助身體抗發炎，那不是很理想嗎？這本來只是我的夢想，沒想到，拜新科技之賜，這個夢想最近幾年終於實現了！

抗氧化好水，可中和自由基

世界上有些地方有所謂的奇蹟水（Miracle Water），例如法國的盧爾德（Lourdes）、墨西哥的拉可鐵（Tlacote）、德國的諾登奧（Nordenau），每年都吸引無數的遊客去喝水，也有很多疾病治癒的案例。這些所謂的療效到底是不是心理作用呢？日本九州大學的白烟實隆教授發現，這些奇蹟水和普通水最大的差別就是活性氫（Active Hydrogen）的濃度特別高。

什麼是活性氫呢？到底是原子氫（H）、氫分子（H_2）、或是氫陰離子（H^-），目前歐、美、日、台各國學者和商家眾說紛紜，我也暫時不下定論，但是，最近幾年有關氫療法的論文像雨後春筍般冒出，在主流科學界已證實呼吸二％氫氣、注射含氫氣的生理食鹽水、飲用含氫氣的水，對於腦中風、內臟損傷、小腸炎症、神經損傷、新生兒腦缺氧損傷等等，有明顯的抗氧化、抗發炎療效。

以前的科學家認為氫分子在生理學上是惰性氣體，但最近的研究證實它在人體裡是良好且溫和的抗氧化劑。早在一九八八年，科學家就發現氫分子在水中可以結合活性氧（自由基）而形成水，但未引起注意。二〇〇七年，由日本醫科大學太田成男教授在國際著名的《自然醫學》（Nature Medicine）期刊所發表的論文，證實氫分子有明顯的抗氧化效果，這是學術界重量級的研究。

為什麼優質的山泉水和礦泉水口感綿潤，甚至喝了會有養生效果？最重要的原因，就在於潔淨的流水經過某些優良的礦石，會產生氫分子，例如：金屬鎂＋水↓離子鎂＋氫分子＋氫氧根離子。這個原理，也可以運用於製作濾水器，首先必須將自來水或井水用活性碳濾心、陶瓷濾心、離子交換樹脂等先過濾成「潔淨水」，然後再透過礦石熔煉技術製成鎂合金棒，將「潔淨水」變成富含氫分子的「抗氧化水」。

富含活性氫的低電位差好水

一般人怎麼知道水裡富含活性氫（氫分子）呢？很簡單，可以到儀器行去買一個「氧化還原電位檢測儀」（簡稱 ORP Monitor）來測水，得出的數字越高（也就是電位差越高），表示已經被氧化；數字越低，表示抗氧化的能力越強。自來水的 ORP 值在六百五十至二百之間，表示很不利健康。汽水大概在五百至四百。未污染的山泉水大概在一百左右。小腸管壁內的水分大概在一百五十至一百八十之間。未加水的現榨蔬果汁大概是零至負五十。而有些抗氧化的水機，可以把自來水的 ORP 降到一百到負四百之間。

活性氫的概念，在學校的化學課堂上並不存在，醫學院也沒教，是非常新潮的科學，如果只看日本的論文和實驗，我還是無法百分百盡信。直到去年我看到台大醫院醫學研究部鄭教授的研究，我才完全肯定抗氧化水的神奇功效。根據鄭教授的老鼠實驗，這些低電位差、富含活性氫的抗氧化水（Antioxidant Water），可以修復胃潰瘍、十二指腸潰瘍、減緩皮膚發炎、降低發炎介質、減少動脈硬化、降血脂、防血栓、降低高尿酸引起的高血壓等等。後來我又看到日本一些抗氧化水的實驗，證實可以防治糖尿病和抑制癌細胞成長與轉移等等。這些研究，不但說明活性氫的抗氧化功效，更支持本書一再強調的觀念：抗氧化是治療絕大部分疾病的基礎療法。

人體小腸管壁內的水分 ORP 電位差數值在 150 至 180 之間，未污染的山泉水大概在 100 左右，但自來水卻高達 200 至 650 之間，代表很不健康。

抗氧化好水，會讓營養素效果加乘

在這裡，我想再提一下「協同作用」的概念。我一直強調「一加一大於三」，試想，如果把維生素C溶解在抗氧化水裡喝下，會不會更好呢？二〇〇六年十一月，發表在《應用生化與生物科技期刊》（Applied Biochemistry and Biotechnology）的一篇論文，證實維生素C如果溶在低電位差的抗氧化水裡面，抗氧化能力是溶在一般水裡面的三倍。

這真是好消息，這個實驗的結果是一加一等於四，真的是我常說的一加一大於三，也印證了我最近正在做的實驗，把高品質維生素C粉和松樹皮萃取粉泡在抗氧化水裡面，每天當茶水喝，而且大量地喝，很多急慢性發炎或結締組織脆弱的問題，會好得很快。

一夜好眠才能抗發炎

不管是想賴床或是打瞌睡，自己都應該好好檢討一下，睡眠時數夠不夠，有沒有規律。如果偶爾如此，就請趕緊補眠；若是常常這樣，那就會形成過勞或腎虛，許多慢性發炎疾病就會悄悄來報到。

人是大自然的一份子，想要健康，就不能違反大自然的規律，否則就要付出代價，這是天經地義的道理。

我在美國的住家，後山有很多野火雞、野鵪鶉、野鹿、野山豬，每天天亮就看牠們出來覓食，天快黑就會慢慢魚貫走回山坡，日復一日，過著非常規律的生活，這就是大自然。人類以前是「日出而作，日落而息」，但現代人卻因為晚上燈火通明、電視電腦普及，甚至沉迷網路，導致睡眠嚴重缺乏，或是因為缺乏規律，而出現許多睡眠障礙。

你的睡眠到底夠不夠？

每個人所需要的睡眠時間不太一樣，有人需要九小時，有人五小時就夠，但平均值大概是八小時。怎麼知道自己睡得夠不夠呢？很簡單，只要看睡醒的感覺就知道了。健康人應該是睡到自然醒，而且醒來的感覺是體力充沛，好像可以去跑馬拉松，或是很想來個大掃除。但有些人明明身體不好，卻有可能「自我感覺良好」，這也是最近很流行的一句俚語。如果要確認晨起體力充沛感覺是真的還是假的，可以去爬一下樓梯，連續一口氣爬個幾十階，腿上的肌肉感覺很有爆發力，那就是真的。如果感覺一下就瘦了，那麼所謂的體力充沛只不過是一種錯覺。

經過一夜的睡眠，正常人晨起的體力應該是非常充沛的，成年男性應該幾乎都有晨勃，女性的手腳也都不會冰冷，也不該有任何痠痛。如果早上被鬧鐘叫醒後，還是睡眼惺忪，很想再賴床一下，那就有問題了。健康成年人白天是不會打瞌睡的，即使白天強迫自己去睡覺，應該睡不著才正常。但現在很多人開車、搭捷運、開會、上課、看電影，動不動就打瞌睡，就是因為睡眠不夠。

睡眠品質要好，掌握黃金四小時

有人說他每天睡八個小時，怎麼還是很累呢？那就要看看你睡的時段對不對了。晚上十一點到清晨三點，是睡眠的「黃金四小時」。不管你幾點睡，睡多久，至少要橫跨這個黃金四小時，否則睡眠品質就會大打折扣。我們的生物時鐘受到當地的太陽光所支配，如果這四個小時不睡覺而是在熬夜，勢必遲早要從健康付出代價。

大家可以做一個實驗，就可以知道「黃金四小時」的重要性，一個作息規律還算正常的人，平時十一點以前睡覺，每天睡八小時，你叫他今天突然改成凌晨兩點睡，一樣睡八個小時，你看看起床的感覺如何？一定會大打折扣，即使睡十個小時，起床的感覺都不如十一點上床睡八小時來得舒服。

所以，為了要讓睡眠有效率，讓身體的修復與排毒發揮最大功能，那就必需掌握「黃金四小時」。即使這段時間失眠睡不著，也要平躺放鬆、眼睛閉著，不可坐著看電視、打電腦、或是站著做家事。

抗發炎運動天天做

適度規律的運動，可以讓新陳代謝保持在最佳狀態，不但睡眠會變得很有效率，發炎也會乾脆俐落，不會拖泥帶水。但是，什麼叫做「適度規律」的運動？在此，我簡介抗發炎運動的基本觀念。

首先大家要知道，不常運動的人，和一個經常運動的人，兩者的「適度」定義是很不一樣的。所以，如果從事游泳、爬山、慢跑、健走這一類的有氧運動，對於一個坐辦公桌的上班族而言，那就必須要控制心跳量在（二百二十減去年齡）乘以六十五％以下；如果經常運動，可以把公式裡的六十五％提高到七十五％，如果是運動員，那就可以提高到八十五％。運動時戴一個特殊的心跳計，就可以知道瞬間心跳量，控制在理想值以內，運動就不會過度。

對於容易發炎的人，與其做有氧運動，不如從事身心運動。身心運動就是八段錦、太極拳、易筋經、外丹功等等這類身心合一的緩和運動。它動作緩和，不易受傷，可以調整呼吸，會增進身體協調能力，使自律神經和免疫系統處於非常平衡的狀態，整體而言，是最佳的抗發炎運動。

如果每天早上起床，就做十至二十分鐘的身心運動，不但整天精神變好、晚上睡眠品質提高，而且可以抗衰老、抗氧化、抗癌化，是最便宜的抗發炎療法，而且隨處可行，非常方便。

逆轉慢性發炎，用自然醫學擊退難纏疾病！

想要遠離慢性疾病，就必須先逆轉慢性發炎！
在此，我們一起探討血管、肝臟、過敏、婦科、男科等五大慢性發炎領域，
總共多達十多種常見疾病，
詳細分析這些疾病的致病根源，並提供自然醫學的治病處方，
從此助你徹底擺脫這些難纏疾病。

慢性發炎，可謂是萬病之源。排名十大死因前幾名的心肌梗塞、腦中風就是血管發炎造成的；十大癌症的第三名肝癌，是肝臟發炎的最壞結果；惱人的流鼻水、皮膚癢等過敏症狀，代表全身已經慢性發炎了；上班族的過勞死，也是因為身體長期勞累、無法修補造成的；疼痛難受的痛風、退化性關節炎，就是關節為了排除外物或修補組織所造成的發炎；甚至不論男女性的不孕問題，也都是發炎惹的禍。

§§§

你知道嗎？一般人認為的心肌梗塞、腦中風、老年失智症、過敏、過勞死、關節炎、不孕，甚至是癌症等現代文明病，在某種程度上都可看作是慢性發炎的不同表現。最近十餘年來，西方醫學界這樣全新的見解與發現實在令人振奮，因為總算找到可以防治這些難纏疾病的關鍵方向，那就是抗發炎。不過，抗發炎並不等於讓身體不發炎，而是要讓身體的發炎能夠盡量在合理、安全的範圍內，能夠速戰速決，而不要拖泥帶水。如此一來，身體就會保持在最佳狀態，也不容易生病。

在這裡，我將帶領大家見識自然醫學治病的另一層次，除了多補充基本的抗發炎、抗氧化營養素之外，也將針對每種疾病的獨特病因，擬定量身訂做的特殊治療方針。影響健康有五大因素，因此，在治療疾病的同時，你也會發現補充個別的營養品與天然藥草、改變錯誤飲食內容、調整生活作息、適度地紓解身心壓力、從事規律適度的運動、避開環境與飲食毒素等等，都是基本但有效的必備療法。

在每個疾病的獨特療法當中，與其列出所有治療方法，我特別挑選經過臨床驗證、無副作用、簡單有效的精華秘笈，衷心建議有心擺脫慢性疾病的人不妨一試。在這些療法當中，讀者會發現很少是侵入性的打針、開刀、或西藥的處方，這並不表示自然醫學醫師反對打針、開刀、吃藥，而是醫師與病人都應該審慎客觀評估各種療法的利與弊（療效與副作用），不到最後關頭，盡量不選用壓抑性與傷害性的療法。值得一提的是，領有正式執照的美國自然醫學醫師，是可以合法注射、動刀、開西藥處方的，並非一般人想像的只能建議補充營養品或改善飲食內容而已。

當你弄清楚每個疾病的來龍去脈，就會明白，原來腦心血管疾病是一種慢性發炎的結果，要斬斷病根就一定要避開壞油，多吃抗氧化劑和幫助溶血栓的食物；慢性肝炎容易導致肝硬化、肝癌，晚上務必睡好覺，啟動身體修補機制，增強免疫系統，讓肝炎不再復發。治療慢性過敏，一定要從腸胃道著手，不能只處理皮膚、氣管、鼻子；上班族的過勞死，主因是先天體質不良，後天又失調，日夜操勞只是導火線；許多男女性的婚後不孕，追根究柢就是生殖器官發炎，或是飲食與生活習慣不良所導致的⋯⋯。

總之，要逆轉日漸氾濫的各種現代慢性疾病，必須改變不良的生活習慣，貫徹抗發炎飲食、力行抗發炎作息，以及補充抗氧化營養素，以打破反覆慢性發炎的惡性循環，才能一舉擊退老化、退化、癌化的各種恐怖現代文明病，而永保健康！

腦心血管疾病，原來從血管發炎開始！

你知道嗎？人的老化，是從血管開始的！一個人如果長期飲食不當或生活習慣不好，血管就會提早老化、出現動脈粥狀硬化，而引起各式各樣的疾病。簡單來說，腦血管因為粥狀硬化而堵塞，甚至爆裂開來，就是腦中風；如果這條硬化的血管是心臟的冠狀動脈，就成了冠狀動脈心臟病或是心肌梗塞。

心血管和腦血管疾病——心臟病、腦中風，長年占據台灣十大死因第二名和第三名，是威脅國人健康的最大殺手。如果想要預防腦心血管疾病，平日就要維護動脈血管的健康。不幸的是，大部分現代人很少有健康柔軟的血管。

動脈硬化越來越年輕化

很少人知道，動脈硬化不只發生在成年人身上，很多一、兩歲的小孩，早已埋下了動脈硬化的因子。根據美國二、三十年前一項研究發現，大部分兩歲左右的小孩，血管裡已經開始出現脂肪紋（Fatty Streaks）。而這種脂肪紋就是動脈硬化的前兆，是血管硬化最先產生的病變。根據最新數據顯示，最近甚至連一歲小孩就已經出現脂肪紋了，這是多麼讓人吃驚的事實！

根據美國二〇〇九年調查統計發現，十七%的美國青少年有動脈硬化現象；中年以上的美國人，則大約有七十%的比例出現血管堵塞的情形。可怕的是，血管硬化是沒有症狀的，大部分的人頂多只覺得自己比較容易喘、沒有力氣、爆發力比較差而已。正因為沒有前兆，更讓人防不勝防又措手不及。根據美國二〇〇四年統計發現，**六十五%的男性第一次發現自己有動脈硬化時，不是已經心臟病發作就是死亡了**，因此我認為，動脈硬化是現代人最恐怖的隱形殺手！

動脈粥狀硬化就是血管發炎了

動脈粥狀硬化（Atherosclerosis）簡稱動脈硬化，意思是原本充滿彈性、光滑的血管開始產生一些粥狀物質，堆積在血管內壁裡，使血管變硬、變脆，甚至漸漸堵塞。過去幾十年間，病理學家發現，這些血管裡面的「粥狀」物質是脂肪和膽固醇，所以就認定動脈粥狀硬化和脂肪、膽固醇攝取過多有關，因此大力提倡少吃脂肪、少吃油、少攝取膽固醇，以降低動脈粥狀硬化的風險。但隨著醫學研究的進步，我們已經認清事實並非如此，脂肪和膽固醇並非全然有害健康，我在《吃錯了，當然會生病！》一書中常提醒大家，你不要怕脂肪、也不要怕膽固醇，只要攝取好脂肪和好膽固醇，並避開壞脂肪和壞膽固醇，定期做血液檢查，測出總膽固醇與高密度膽固醇的比值，只要小於三，就比較不必擔心自己有血管硬化的風險。我在【Part 1 觀念篇】也強調，如果能定期檢查血液中的「C反應球蛋白」數值，簡稱CRP數值，更能精準預測是否會心臟病或腦中風發作（見第四十七頁）。

人體的動脈之所以會出現粥狀硬化，和飲食中的膽固醇並沒有直接關係，真正的原因其實是動脈血管發炎了！因為動脈血管發炎，引發一連串的發炎反應，才導致我們看到的低密度膽固醇（LDL-C）堆積在血管內部的現象。所以要避免罹患腦心血管疾病，最好的方法是先了解我們的血管為什麼會發炎，並能事先加以防範。

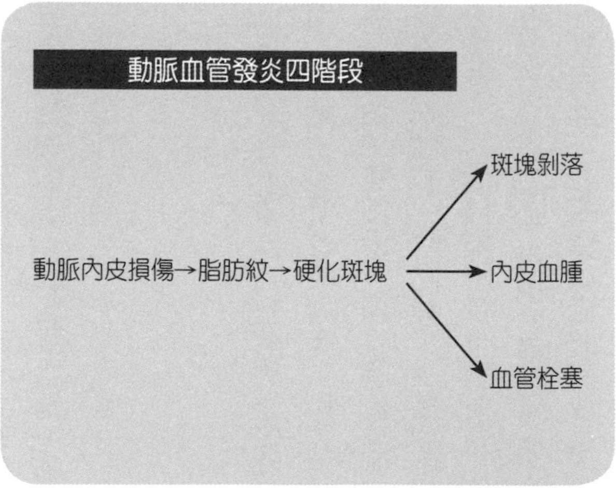

病源 動脈硬化從吃錯油開始

在了解我們的血管是如何發炎及如何避免之前，一定要先了解動脈硬化發生的過程。

動脈硬化步驟❶——動脈血管內皮損傷

首先，動脈硬化前的第一個變化是「動脈血管內皮損傷」。是什麼傷害了我們血管的內皮呢？最常見的就是「壞油」，也就是我一直苦口婆心叮嚀大家要避免的氧化油（高溫烹調）、氫化油（反式脂肪）、或是飽和的陸上動物油（例如豬油、牛油、奶油裡面含有花生四烯酸，會促進血管內皮發炎）。還有，壓力大、睡眠不足、抽菸、喝酒、高血壓、糖尿病或是一些病毒感染、毒素入侵等情形，也都會造成血管損傷。另外，當血液裡的同半胱胺酸（Homocysteine）比較多時，血管也會受到損傷。

動脈硬化步驟❷——脂肪紋

人體裡的膽固醇分為好膽固醇和壞膽固醇。膽固醇和脂肪是不溶於水的，所以在血液中，需要脂蛋白把它包覆起來，帶它去該去的地方，脂蛋白的任務就好像公車一樣，膽固醇就是裡面的乘客。

低密度脂蛋白（LDL）會把膽固醇從肝臟往血管送，囤積在血管的膽固醇，我們認為這樣容易形成對身體不利的血栓，所以稱低密度脂蛋白膽固醇（LDL-C）為壞膽固醇。反之，高密度脂蛋白會把膽固醇從血管往肝臟送，所以它所攜帶的膽固醇，我們俗稱好膽固醇（HDL-C）。

其實膽固醇就是膽固醇，並沒有所謂好壞之分，但是「男怕入錯行、女怕嫁錯郎」，如果膽固醇被包覆在低密度脂蛋白裡面，我們就俗稱它為壞膽固醇，為什麼呢？因為低密度脂蛋白很容易被氧化，例如飲食中吃到油炸物、有抽菸習慣、常常熬夜、毒素、病毒、照射紫外線、輻射線等等，都會讓身體產生自由基，而去氧化低密度脂蛋白。這些自由基也會傷害血管內皮，使被氧化的低密度脂蛋白黏上去。這時就會喚起身體的修復機制，吸引一種叫做單核球的白血球集結到血管內壁上，然後變成巨噬細胞。

這些單核球之所以變成巨噬細胞，目的就是要清除這些已經氧化的低密度脂蛋白，但問題是，巨噬細胞雖然有能力破壞低密度脂蛋白，卻沒有辦法分解它，所以這些含有低密度脂蛋白（裡面有膽固醇、三酸甘油脂、磷脂質、蛋白質）的巨噬細胞，便集結在血管內壁上，變成一種泡沫細胞。漸漸的，當這些泡沫細胞越積越多時，就會破裂，釋出裡面的膽固醇黏附在血管內皮上，這些像泡沫的東西就變成肉眼可見的脂肪紋，而血管也就不再是原先光滑彈性的了。

脂肪紋是動脈硬化的前兆，我先前也提過，現在的小朋友多習慣吃炸雞、薯條等油炸物，因此身體裡所累積的壞膽固醇越來越多，一、兩歲就出現脂肪紋也就不足為奇了。有些人會問，一歲的孩子不是才斷奶嗎？為什麼也會有脂肪紋呢？這麼小的孩子會有脂肪紋，原因其實都在母乳上。根據一九九二年加拿大政府的統計，大部分媽媽的母乳裡面都含有氫化油，平均值高達七・二％之譜，所以孩子當然也就不可避免的吃進壞油了。想想看，連小孩子都逃不過動脈血管硬化的魔掌，更不難想像現代人動脈硬化的情形有多嚴重了。二〇〇九年我在美國看到最新統計數字，十七%的美國青少年有動脈硬化現象，這也就見怪不怪了！

動脈硬化步驟❸——硬化斑塊

血管出現脂肪紋後，如果不好好保養，又會出現怎樣的問題呢？那就是血管病變的下一步——纖維斑塊。當血管壁出現脂肪紋而變得粗糙後，因為血管內壁不再光滑，容易引起血流不順暢的現象，而身體的防衛機制知道血管出問題了，於是會有更多的救援細胞聚集到血管來，例如血小板、淋巴球、漿細胞等身體防衛部隊都來了，而進一步引發血管內部的發炎反應。更糟糕的是，原本應該在血管內皮的平滑肌細胞，也因為脂肪紋的變化而移到泡沫細胞上，導致血管內壁越來越厚，形成所謂的纖維斑塊，也就是硬化斑塊。可怕的是，纖維斑塊越厚，血流就會越不順，導致血小板越積越多，讓血液又更不順暢，形成一種惡性循環，因此血管內部的斑塊就越來越大，也會剝落，最後形成血栓。

簡單來說，不管是血管內皮損傷、或是氧化的低密度脂蛋白被巨噬細胞吞噬形成脂肪紋、或是各種血球聚集到血管內皮形成硬化斑塊，通通和發炎密切相關，都是因為血管發炎了，身體不得不派出防衛細胞來處理，因此才產生一系列的病理反應。所以我們可以清楚知道：腦心血管疾病，其實就是血管發炎所引起的疾病。

陳博士小講堂

動脈硬化是一種演化優勢

為什麼人類會出現動脈硬化呢？事實上，從演化學來看，動脈硬化是一種優勢，動脈硬化可說是人類冰河時期的救命機制，這是由得過兩次諾貝爾獎、維生素C提倡者的鮑林博士（Linus Pauling, PhD）所提出的假設。

人類是少數不會製造維生素C的動物，必須從飲食中攝取。可是冰河時期天寒地凍、蔬果產量大幅減少，維生素C嚴重缺乏，而維生素C是對抗發炎的重要抗氧化劑，同時也可以保護血管，那當時的人類要如何克服？

鮑林博士認為，這時候人類進行了一項適者生存的自然淘汰。在缺乏維生素C的環境之下，體內含有脂蛋白a（Lipoprotein a，簡稱Lp(a)）的部分人類會活過生育年齡，雖然容易產生動脈硬化而在中年心臟病發作，但至少可以傳宗接代，比起那些不含Lp(a)而不能活到生育年齡的人還強。因此，經過冰河時期的嚴格淘汰，導致存活下來的人類大多含有Lp(a)。

Lp(a)是低密度脂蛋白（LDL）的一種，會攜帶膽固醇，並把膽固醇堆積在血管管壁。鮑林博士認為體內含有Lp(a)的人，可藉由堆積膽固醇來保護管壁；也就是這些人在缺乏維生素C的環境之下，用膽固醇堆積代替維生素C來保護血管，等哪天有維生素C再來修復。

倖存下來的人類，就是用特殊的膽固醇形成硬化斑塊保護血管管壁，而不會形成硬化斑塊的人就在冰河時期死掉了。所以，淘汰下來的人類就容易形成硬化斑塊，導致動脈硬化。

總之，動脈硬化是一種發炎反應的代償結果，這是一種萬不得已的應變措施。雖然動脈硬化在冰河時期是人類的救命機制，是演化優勢，但現代人並不需要它，這些硬化斑塊於是就變成危害身體的壞東西了。大家要記住，**動脈硬化是身體維生素C缺乏的一種疾病**，所以補充維生素C能逆轉動脈硬化這種發炎反應。

診斷 血管硬化很難及早發現

雖然在病理學上，我們已經掌握了血管硬化的重要歷程，但可惜的是在臨床醫學上，動脈粥狀硬化的早期診斷相當困難。想看出身體是否有脂肪紋，最直接的方法就是把血管切開來看，但沒有人會這麼做。目前還沒有敏感（Sensitive）又針對性（Specific）的早期實驗室診斷方法，可以幫助我們及早看出血管內是否已經有脂肪紋或是纖維硬化斑塊。這也就是為什麼很多罹患腦心血管疾病的人，即使血管已經堵塞七十%了，卻還是像平常一樣逛街，九十%堵塞了，還是可以去上班工作，一點都沒有意識到危險將至。

動脈血管發炎過程示意圖

你知道嗎？心臟病或心肌梗塞是一種慢性發炎的結果！

例如吃進壞油、菸酒、高血壓、糖尿病等，都會造成心臟的冠狀動脈慢性發炎。

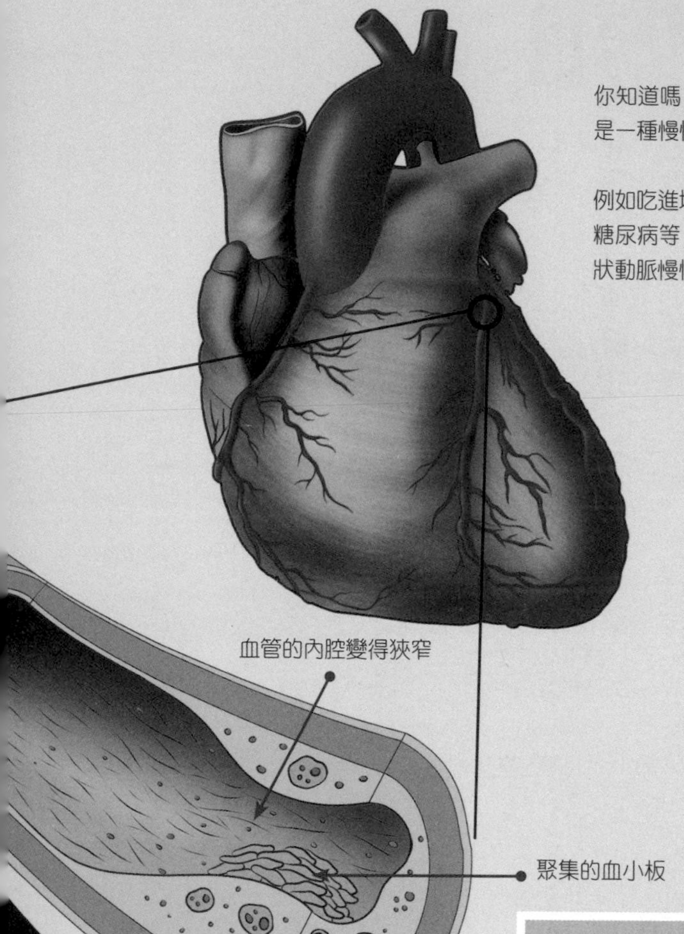

纖維斑塊越厚，血流就會越不順，導致血小板越積越多，讓血液又更不順暢，形成一種惡性循環，因此血管內部的斑塊就越來越大，最後演變成血栓。

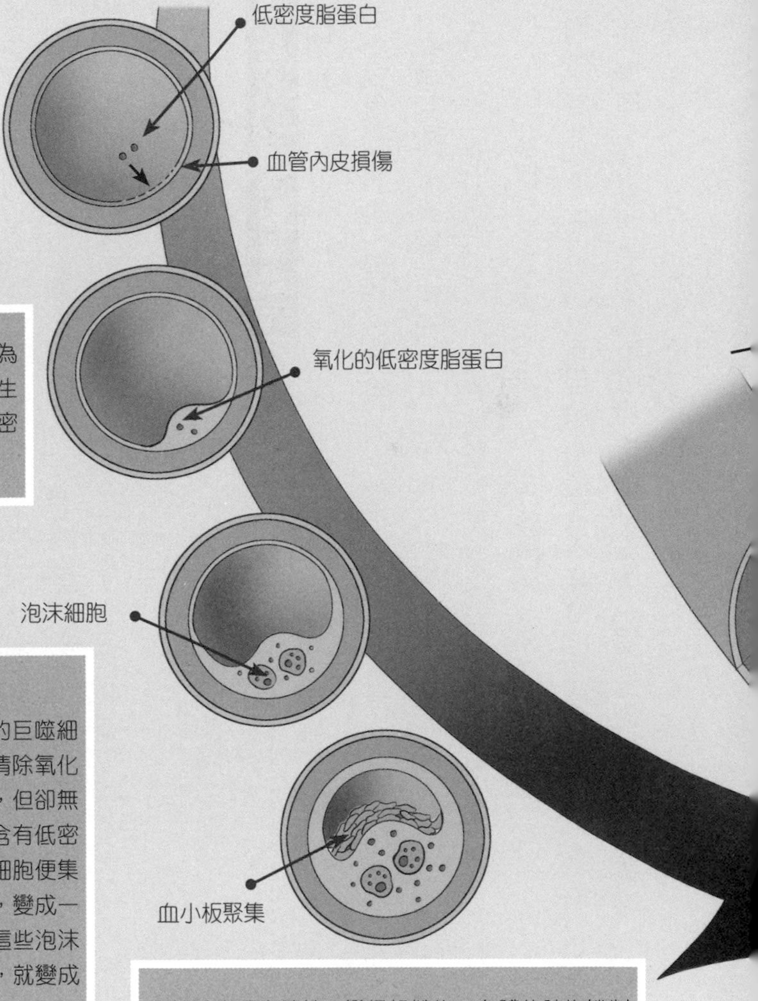

低密度脂蛋白因為活性氧作用所產生的自由基，讓低密度脂蛋白氧化。

這時候守護身體的巨噬細胞會出動，打算清除氧化的低密度脂蛋白，但卻無法分解；於是，含有低密度脂蛋白的巨噬細胞便集結在血管內壁上，變成一種泡沫細胞。當這些泡沫細胞越積越多時，就變成脂肪紋了。

血管壁出現脂肪紋而變得粗糙後，身體的防衛機制知道血管出問題了，因此會有更多的救援細胞聚集到血管來，例如血小板、淋巴球、漿細胞等身體防衛部隊都來了，於是進一步引發血管內部的發炎反應。

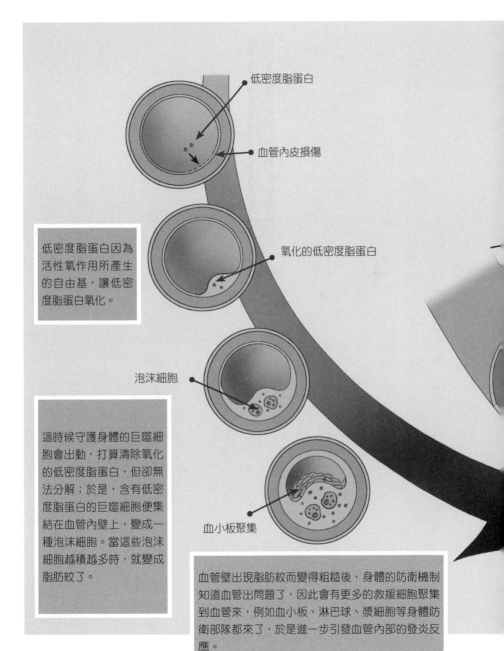

正因為我們沒有辦法實際切開血管來觀察血管的硬化程度，所以只能靠一些間接數據來看出端倪，例如用都普勒效應（Doppler Effect）計算手臂和小腿血壓的延遲，來推算血管彈性，或是直接抽血檢驗三酸甘油脂和膽固醇的數值。一般說來，當血液中的三酸甘油脂比較高時，動脈硬化的可能性就比較高；或是用總膽固醇（Total Cholesterol）除以高密度膽固醇（HDL-C），一旦比值大於五的話，就代表你容易有動脈硬化的風險，通常小於三會比較安全。在醫學先進國家，則還會看 ApoA、ApoB、Lp(a)，來幫助醫生更精確判斷血管硬化的程度。最後，我們還可以檢測血液中的同半胱胺酸（Homocysteine）數值是否過高來幫助判斷。

給血管發炎的自然醫學處方

1. 避開壞油

要避免血管硬化，維持血管暢通，最重要的就是不要吃氫化油或氧化油。這並不是一件容易做到的事，因為市面上有九十％以上的油都是氫化油或是氧化油。氫化油含有反式脂肪，是自然界幾乎不存在的物質，是人工製造出來的，人體幾乎不會正常代謝。要知道，不只在台灣，就連在美國，反式脂肪還是非常大量的被使用在日常食品中，例如美國加州原本定二〇一〇年七月開始禁止新鮮麵包使用氫化油，可是因為種種因素，至今無法實施，所以在美國的超市裡，仍到處都可見用氫化油製成的麵包。

2.多吃好油

我把好油簡單分成兩類，一類是烹飪用的油，一類是補充用的油。烹飪用的油我首推苦茶油，因為苦茶油非常耐高溫，就算溫度高到攝氏二百三十度也不會壞。另外，苦茶油還含有很多修復黏膜的成分，不但可以讓身體對抗發炎，還能殺掉壞菌（例如幽門桿菌）。如果買不到苦茶油，也可以用冷壓的、初搾的、新鮮的橄欖油代替，記得不要拿來炒菜或煎炸，因為橄欖油不耐高溫，也不要去買那些二搾、三搾的橄欖油。如果確定是好油的話，我認為就算一天吃三十C.C.的油也都不嫌多。只要能連續吃兩年以上的好油，就能幫助你把身體裡不好的壞油慢慢代謝掉。

除了烹飪用的好油外，還要補充那些你吃不到的、抗發炎的油，也就是富含Omega-3的油，例如亞麻仁油、深海魚油、海豹油等。Omega-3的必需脂肪酸會讓我們身體製造出抗發炎的第三系列前列腺素（PGE_3），所以也有抗發炎的功效。

3.多吃抗氧化劑

抗氧化劑可以把氧化的膽固醇、細胞膜、組織還原，並消除自由基，所以要避免血管發炎，適量補充抗氧化劑也是非常重要的。一般來說，主要的抗氧化劑有：維生素C加生物類黃酮、維生素E、β胡蘿蔔素、多酚、槲黃素、原花青素、沒食子酸、硫辛酸、超氧化物歧化酶、穀胱甘肽等等。

4.多吃幫助溶血栓的食物

想要溶解堵塞在血管內的硬化斑塊，除了西醫的溶血栓藥物外，也可以從食物裡頭取得類似功能的營養素。想想看，如果我們可以取得和藥物同樣效果的食物，為什麼要吃容易有副作用的藥物呢？

（1）納豆激酶：根據實驗室的研究發現，納豆裡的納豆激酶可以在八小時內就將血栓溶解掉，好比是血管的「通樂」。但請記住，納豆激酶指的是納豆上面那些黏黏的物質而不是納豆本身，而且注意不要吃冷凍的納豆。因為納豆激酶是一種酵素，也是一種蛋白質，往往稍微加溫約五十幾度就被破壞了，而處在太低溫的環境也會受損，所以盡量不要吃冷凍過的納豆，因為溶血栓的效果會比較差。現在還有很多含納豆激酶的營養品，通常一顆膠囊裡含有二千FU的納豆激酶，只要睡前、早餐後各吃一顆，幾個禮拜後，你就會發現血管越來越通暢。

（2）山楂：除納豆激酶外，山楂在溶血栓上也有不錯的效果。在歐美，甚至連山楂的花都可以拿來用。一天吃三百到七百五十毫克的山楂萃取物，就有不錯的效果。但切記山楂不適合虛寒體質的人吃，比較適合實熱的人來攝取。

（3）大蒜：不能吃山楂的人，如果想溶血栓的話，可以改吃大蒜。大蒜和山楂相反，適合虛寒體質，不適合實熱體質。一天吃三瓣新鮮的大蒜，可以切碎或搾汁吃，不要煮熟，煮越熟效果越弱，把蒜泥或蒜汁混在飯菜裡吃或在湯裡面喝下去，也能幫助血栓溶解，不過要持之以恆才能看到效果。

5.降低同半胱胺酸

要解決血管硬化問題，除了想辦法除掉硬化的斑塊外，還要讓同半胱胺酸的數值降下來才行。而想要降低同半胱胺酸的數值，就一定得靠維生素B群來幫忙。其實，許多蔬菜、水果都含有豐富的B群，但現代人因為蔬果吃的不夠，才會導致動脈血管硬化、同半胱胺酸太高。因此，想要改善血管硬化狀況，一定要記得補充高劑量的、天然的維生素B群。一旦同半胱胺酸降下來，血管硬化的風險就能降低了。

6.多運動

預防血管硬化，有一個老生常談的原則就是多運動。通常有腦心血管問題的人，大多很少運動，所以千萬不要一開始就馬上進行劇烈運動，例如跑步、爬山都太刺激了。否則，恐怕會出現不動還好，一運動血管就堵塞的情形。我建議血管硬化的人不妨先從太極拳、八段錦、易筋經、外丹功、甩手功開始動一動。這類運動不但緩和，而且能有效打通血管，還具有調節交感、副交感神經，強化免疫系統的功能。

7.螯合療法

如果上述辦法都沒有辦法減緩、解決血管硬化的問題，自然醫學裡還有一個妙招，那就是螯合療法，也就是利用打針或是吃一些螯合劑，進入血管裡頭將不好的東西螯合出來。但這是一般人無法在家自己進行的，必須經由受過自然醫學訓練的醫生，在診所內進行點滴的螯合療法或是口服螯合劑。口服螯合劑通常是症狀比較輕微時，或是用來維持點滴螯合療法的功效時使用。如果最後你選擇了螯合療法，請切記螯合的過程中，會把身體裡好的礦物質也螯合出來，所以一定要多補充鈣、鎂、鉀等好的礦物質才行。

陳博士小講堂

西醫如何對付血管硬化？

一旦患者出現動脈硬化情形時，西醫通常會先給一些藥物，例如擴張血管的藥物或是降血脂、抗血小板、抗凝血、溶血栓的藥物等。當這些藥物都無效或是控制不好時，就只能靠手術。手術時，如果血管硬化的情形還不算太嚴重，就會利用支架重建或是用旋轉刀片來刮除血管中的粥狀物質，就像通水管一樣，讓血管恢復通暢。但如果血管完全堵塞的話，就只能找其他地方的動脈血管，進行繞道手術，而原本堵塞的血管就直接放棄了。

肝臟發炎是致命肝癌的元凶

「肝若好，人生是彩色的；肝不好，人生就變黑白了。」這類廣告詞之所以打動人心，是因為肝病在台灣相當普遍，大約兩千多萬人口中，就有四百五十萬的人罹患B型肝炎，還有超過五十萬的人得到C型肝炎。肝炎為什麼可怕呢？那是因為肝臟屬於沒有神經的器官，如果出了問題，不會疼也不會痛，所以很難察覺到，因此當你發現哪天肝硬化、變成肝癌，就會變得很棘手，尤其確診肝癌後，大部分病人會在三個月到半年間就失去生命。

肝臟發炎原因追追追

根據統計，肝不好幾乎是全球華人常見的問題。從我的觀察中，主要有以下幾點，是導致肝臟發炎的原因：

1. 吃太多黃麴毒素

華人大多居住在比較潮濕溫熱的東南亞地區，很多種子類食物如果存放不當或是超過保存期限，就很容易滋生黃麴毒素。我從二〇〇七年開始陸續參觀過很多製油工廠，發現很多工廠並無冷凍庫，就直接把花生、芝麻、苦茶子一包包直接置放在濕熱的倉庫裡，任其發霉。我曾經試喝過好幾次市售芝麻油、苦茶油、花生油的樣品，都有霉味，證實了我的擔憂，因此我一再呼籲廠商應該要主動檢驗食用油的黃麴毒素含量，以保障消費者健康，盡可能將種子原料儲存在冷凍庫，因為低於攝氏四度，黴菌就停止生長。

儘管台灣的學術界長期呼籲黃麴毒素的泛濫有多嚴重，但消費者和廠商還是不放在心上。很多人以為花生才會有黃麴毒素，其實在中國大陸東南省分和台灣香港等地，黃麴毒素的污染相當嚴重。舉凡各種稻米、小麥、五穀米、堅果、花生、黃豆、紅豆、綠豆、薏仁、各類乾貨、香辛料、芝麻、苦茶子，甚至咖啡豆等等，都有可能受到黃麴毒素的污染，比一般人想像的嚴重。千萬不能輕忽黃麴毒素，它對肝臟的破壞力相當大，往往只要一點點就會破壞肝臟細胞，長期下來就會損傷肝臟功能。

2.不良的灌酒文化

華人普遍的壞毛病就是灌酒的文化，好像有人敬你酒，你不回敬就是對不起他，加上划酒拳、狂飲烈酒的行為，導致華人得到酒精性肝炎的比例非常高。即使還沒得到酒精性肝炎，很多華人的肝早已受酒精的影響而搖搖欲墜，再遇到病毒就很容易感染。

我不會喝酒，很容易醉，一喝就會想睡覺，所以最怕有人強迫我喝酒，還好我在一九九三年，離開台灣到美國工作之後，就沒有人再逼我喝酒。等到二〇〇四年回到台灣之後，發現灌酒文化改善不少，表示民眾的健康意識已漸漸覺醒。一瓶威士忌，歐美人大概要喝半年，但華人拚酒時，幾口就喝下去，所以我常開玩笑說，歐美人是「品酒」文化，華人是「拚酒」文化，甚至曾經聽說英法的製酒公司不想出口陳年好酒到台灣，因為台灣人喝酒實在太浪費了。酒精在體內的代謝，需要動用到肝臟的解毒機制，如果常喝酒，肝功能會疲累而衰退。另外，酒精的代謝物乙醛，對身體而言是一種毒素，會傷害肝臟、破壞肝臟細胞，就像甲醛一樣，甲醛就是用來泡屍體的福馬林，也是非法的農藥。因此，如果要保護肝臟，那就少喝點酒吧！

3. 容易過勞

華人大多是很勤奮、很拚的民族，為了工作、為了讀書而太過操勞，因此常靠意志力的堅持，而忽略身體的警告訊號，長久下來就會過度疲勞。如果忙到半夜遲遲不肯睡覺，肝臟就不能正常運作。半夜十一點到三點是肝臟最忙碌的時機，會充血脹大，這段時間不睡覺就會讓肝臟過度受損。所以，這時候即使睡不著，也要躺平，如果坐著，肝臟受到肋骨的壓迫，無法充血脹大，它的解毒功能就會變差很多，毒素就會累積。

4. 衛生習慣不良，導致病毒感染

為什麼B型和C型肝炎會在華人感染率那麼高呢？另一個主要原因是衛生習慣不好。幾十年前，消毒的概念很薄弱，不要說自家人共用牙刷、毛巾、刮鬍刀，連診所裡的針

頭都共用。記得小時候，醫生、護士都把口溫計用酒精泡在鋼杯裡，每個病人來量體溫都用同一根溫度計，這其實滿危險的，萬一口腔有破洞，就有可能感染到前面使用者的病毒，即使到今天為止，還有不少人以為酒精可以消毒針具，其實這是錯誤的觀念。傳統習慣上，很多媽媽會把食物咀嚼之後，再餵小孩吃，不要小看這樣一個動作，如果小孩口腔裡有傷口，媽媽就會把肝炎病毒傳給小孩。

陳博士小講堂

為什麼會感染肝炎病毒？

肝臟感染病毒的途徑不同，區分成幾種不同的類型，除了大家熟知的A、B、C型肝炎，肝炎包括還有D、F、G型！

A型肝炎是經由消化道傳染，例如飲用水、蔬菜、水產品如果受到糞便和尿液的污染，就容易感染A型肝炎。和患者緊密的身體接觸，也會感染。A型肝炎容易引發猛爆性肝炎，不過治癒率高，並不會變成慢性肝炎，也不會演變成肝癌。B型、C型肝炎就是俗稱的慢性肝炎，是最容易演變成肝硬化、肝癌的元兇。B型和C型肝炎是靠體液傳染，體液包括血液、唾液、精液、陰道分泌物。

在台灣，一九六〇年以前出生的人，九十%的人感染過B型肝炎，而B型肝炎罹患率如此之高，主要是衛生習慣不佳以及母子垂直感染（母親經由胎盤或生產時將病毒傳給胎兒）。B型肝炎主要經由血液和其他體液傳染，所以共用針筒、輸血、針灸、紋眉、刺青、穿耳洞、共用刮鬍刀、共用牙刷、接吻、性行為都有可能感染B型肝炎病毒。C型肝炎的傳染途徑和B型肝炎類似，但四十%的感染途徑未明，似乎還有其他感染方式。

D、E、F、G型肝炎比較不會形成肝癌，D型肝炎通常是因感染B型肝炎順便感染的，而E型、F型、G型肝炎則比較少見，F型肝炎其實是B肝病毒的一種，後來被歸為B肝病毒了。

台灣衛生單位在過去幾十年內，鼓勵使用公筷母匙以及免洗餐具來避免感染B型肝炎，雖然普遍改善了民眾的衛生習慣，但其實就學理來說是錯誤的宣導，因為飲食與餐具的衛生是用來避免感染A型肝炎，而非B型肝炎。A型肝炎靠消化道感染，也就是說食物或飲水受到患者糞便或尿液的污染，其他人只要吃進口內，透過正常無損的消化道黏膜，就會感染。B型和C型肝炎不是經由消化道感染，而是要經過穿刺、破皮、傷口，病毒才會進入體內，除非口腔或腸胃黏膜有傷口，否則不會經由消化道感染。也就是說，口腔黏膜和腸胃黏膜沒有破損的人，如果和B型肝炎的人共用碗筷、湯匙，並不會被傳染。不過話說回來，如果我們再進一步追究，其實牙齒和牙齦之間的交接處，是人體全身防禦最脆落的地方，大部分的人都曾經有刷牙時牙齦出血的經驗，甚至很多人每天刷牙都會出血，就是因為這個交接處一不小心就會破損，如果正好有B型和C型肝炎病毒進來，也有可能被感染。

九十%的肝癌是肝炎病毒引起

談起肝癌，大家都聞之色變。根據統計，台灣肝癌病患中約有八十％是B型肝炎引起，中國大陸肝癌患者中有九十％感染B型肝炎，而日本肝癌患者中有九十％罹患C型肝炎，可見肝癌和肝炎病毒有很密切的關係。特別要說明的是，防治肝癌跟其他癌症不一樣之處，除了基本的抗癌飲食與習慣之外，最重要的是要避免感染肝炎病毒，因為事實證明九十％的肝癌都是肝炎病毒引起的。

通常，慢性肝炎演變成為肝癌，需要一段時間，發病往往是在感染的十幾年之後。絕大多數的人在這段時間並無自覺，所以等到演變成肝癌，通常為時已晚。這就是為什麼大部分患者一旦被診斷出得了肝癌，會在三到六個月內死亡（每個國家存活時間有所差異，根據統計中國大陸約五．九個月、西非約三個月）。

肝臟出問題時，你不會感覺到肝區的疼痛或是不舒服，所以很多人便會掉以輕心，等到診斷確定時，往往已經是肝癌末期了。我在此嚴正呼籲，千萬別以為得肝炎是小事，要避免從肝炎形成肝癌的差別就在於有沒有好好地照顧好受感染的肝，特別是有B型、C型肝炎的人，一定要時時監控自己的肝功能，例如定期做肝功能檢查，並且藉由下面要介紹的自然醫學方法，將ALT、AST控制在正常值之下，肝臟超音波也要正常。

肝臟發炎的四種不同階段示意圖

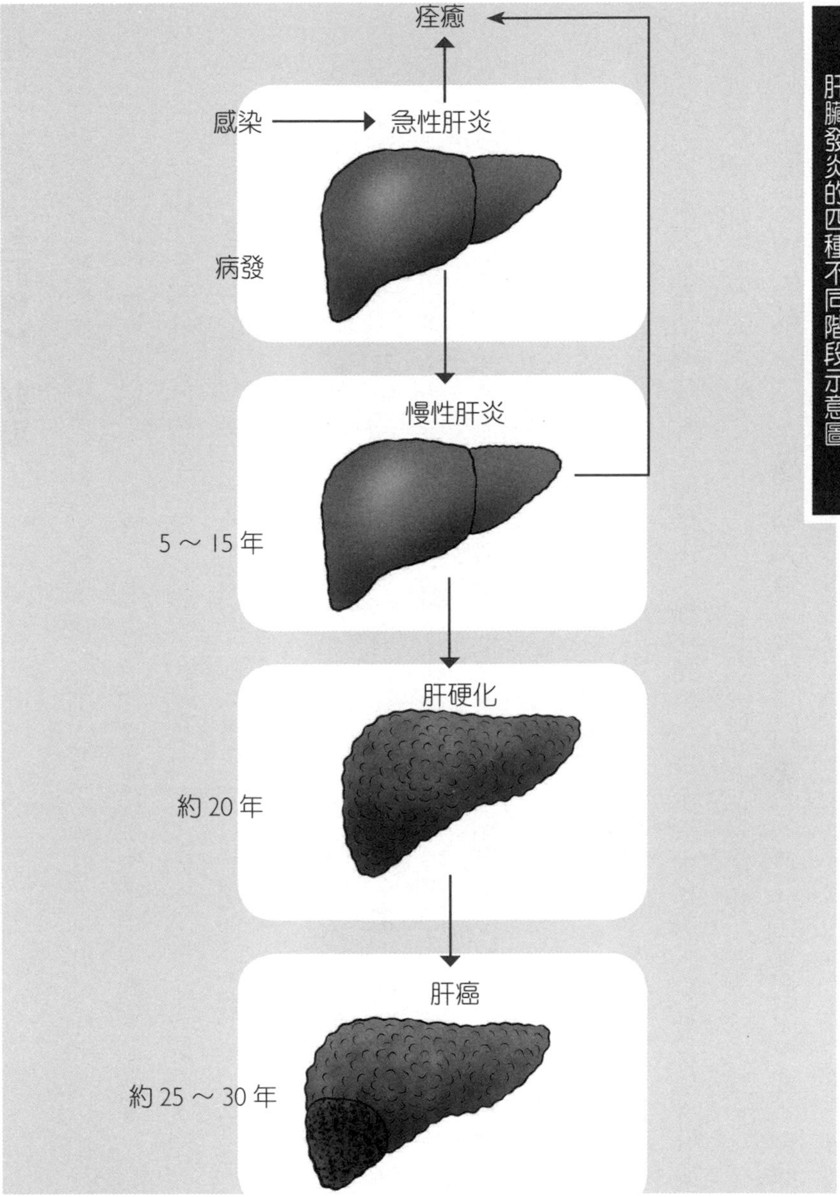

慢性肝炎容易導致肝硬化、肝癌

根據美國的數據顯示，每年約有三十萬人得到B型肝炎。得到B型肝病毒的人當中，大約六十%的人沒有症狀（見第一九九頁「B型肝炎病毒急性感染之病情演變示意圖」），頂多只會在抽血時發現肝功能指數上升，這些人的抵抗力好，免疫系統比較健全，能夠自行清除B肝病毒，肝臟內部雖有一些小發炎，但不會影響身體運作，也很快控制住，而且這些人大概一陣子之後就會百分之百痊癒。

在所有得到B型肝炎病毒的人當中，大約只有二十%的人會演變成急性肝炎，而急性肝炎發作的結果是九十九%的人會痊癒，只有一%的人會死亡。扣除掉會痊癒和轉成急性肝炎的人外，另外有五%至十%的人，屬於健康的帶原者（Health Carrier），意思是指這些人雖得到B型肝炎，血液中帶有病毒，但患者本身一點症狀都沒有，外表跟健康人沒兩樣。

最後，剩下的四%的人會轉為慢性肝炎，這群人就得要特別擔心了，因為他們就是最容易得到肝癌的人。在這些人之中，約有三分之一的人會變成慢性B型肝炎，而得到B型肝炎的人如果沒有控制好肝功能指數，那麼其中二十至五十%的人就容易變成肝硬化，這群肝硬化的人又會有一些人得到肝癌，得到肝硬化和肝癌的患者就很容易死亡。

以上是美國的統計數字，至於中國大陸、香港、和台灣的情況比美國差。依照台灣疾管局發布的統計顯示，和美國相比，台灣的無症狀感染比例較低、有症狀的急性B型肝癌比例較高，顯示台灣人對抗B型肝炎病毒的能力較低（見下頁圖示）。

B 型肝炎病毒急性感染之病情演變示意圖

【美國統計分析】

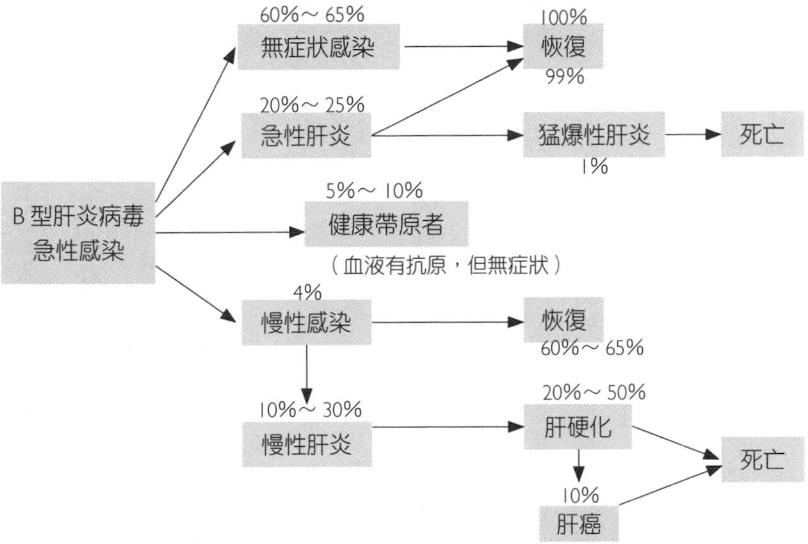

【台灣統計分析】

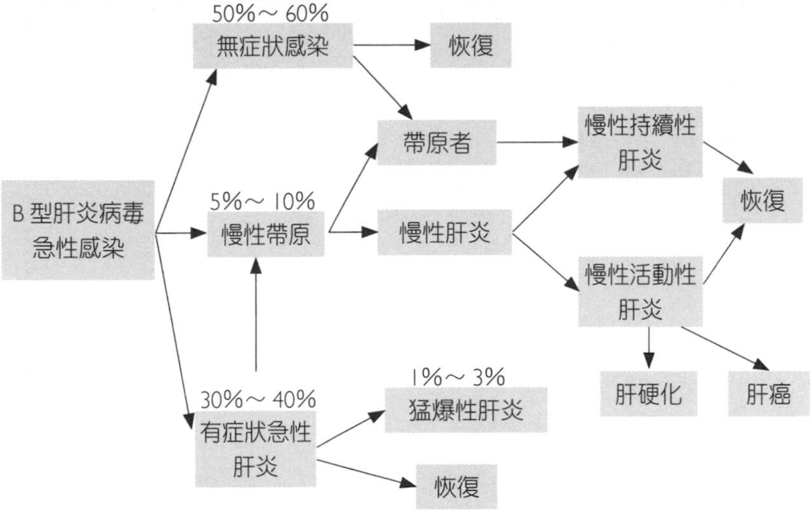

病源

肝炎病毒是肝細胞癌化的主要原因

我一再強調，大部分慢性疾病是從發炎開始。在討論肝癌的成因時，這一點更是正確無比。肝癌的成因，主要是B型肝炎病毒長期反覆刺激肝細胞，導致發炎失控，引起自由基四處流竄所引起。抽菸、喝酒、熬夜、壓力、不當飲食等等都會引起體內自由基增加，導致細胞核DNA突變，產生癌症。其實不只肝癌，還有其他癌症也會由病毒引起，例如子宮頸癌。以下，就藉由肝炎病毒攻擊肝細胞為例，來了解這些癌症的起因。

細胞癌化步驟❶——病毒引發體內自由基過多

一旦病毒進入人體後，便會攻擊器官或組織裡面的細胞，人體的免疫系統就會派出白血球來對付病毒，以及清理身體的受損細胞，目的是要讓身體回到正常的狀態。白血球是靠「發炎」的方式來對抗病毒，在發炎的過程中，白血球會分泌雙氧水、鹽酸等這類含有自由基的腐蝕性物質將病毒殺掉，或是清除人體壞死的細胞，這屬於人體免疫系統的正常反應。但是，如果身體一天到晚都有病毒來作亂，場面一直控制不下來，白血球在對抗病毒的過程中，那些帶腐蝕性物質的自由基，好比戰爭中的流彈，就會難免誤傷我們的正常細胞膜，甚至進入到細胞核裡面，引發人體DNA的突變，造成DNA複製細胞的功能產生錯誤。

細胞癌化步驟❷——突變DNA形成了癌細胞

一旦DNA的複製功能出錯了，人體新產生的細胞就有可能突變成癌細胞。不用太擔心的是，細胞癌化的過程很緩慢，而且機率很低的。正常細胞要變成癌細胞並不容易，需要歷經五次的巨大突變才行，而每次巨大突變的機率就像我們中樂透一樣低，試想，我們要去連續買五次獎券，而連續五次都中第一特獎，機率有多麼低啊！

但話說回來，人體有六十兆個的細胞，在數量這麼龐大的情況下，即使機率低，每天大概都還會有幾百個癌細胞突變成功。對一個正常的健康人來說，身體每天出現幾百個不好的癌細胞，沒什麼大不了，免疫系統會派遣自然殺手細胞（Natural Killer Cells）將這些癌細胞摧毀，讓癌細胞數目控制在安全值以下。但問題在於，如果免疫系統不能有效將病毒從血液中清除乾淨，讓病毒一直在體內繁殖，慢性發炎一直無法收場，長久下來，大量的病毒一直干擾正常細胞，DNA突變的機率便會大增，這就是病毒導致細胞癌化最主要的機制。

診斷

控制肝功能指數和病毒數

既然肝發炎和病毒大有關係，接下來我就來談談，為什麼肝臟會發炎？

1.病毒因素

前面說過，肝的發炎和病毒大有關係，因此引發肝發炎的主要原因就是肝炎病毒。肝炎病毒共分成A～G型幾種，不過最需要擔心的是B和C型肝炎病毒。

除了肝炎病毒外，疱疹病毒（Human Herpesvirus）也會造成肝臟功能受損，常見的皰疹病毒有以下四種：

（1）人類單純性疱疹病毒（HSV-1, HSV-2，屬於第一型和第二型泡疹病毒），感染第一型的症狀是口腔周圍長泡疹，感染第二型的症狀是生殖器長泡疹，兩者都會經由唾液和性行為傳染。

（2）EB病毒（Epstein-Barr Virus，簡稱EBV，屬於第四型疱疹病毒），全世界九十％的人受感染，傳染途徑為唾液，所以大部分人是在幼兒時期感染（開發中和未開發國家），或是青少年經由接吻感染（歐美國家）。據研究，EB病毒和許多疾病有關，例如慢性疲勞症候群、乳癌、鼻咽癌、柏奇氏淋巴癌、何杰金氏病、淋巴增生疾病。

（3）巨細胞病毒（Cytomegalovirus，簡稱CMV，屬於第五型泡疹病毒），和EB病毒一樣，流行非常廣泛，也是經由唾液傳染。美國人大約五十％受感染。

另外，黃熱病毒（Yellow Fever Virus）和腺病毒（Adenovirus）也會引起肝臟受損。黃熱病毒是經由蚊子傳染，死亡率高、傳染力強，嚴重時會引起肝功能和腎功能衰竭。腺病毒經由飛沫和糞便傳染，常見症狀是發燒、呼吸道不適、腹瀉、起疹子。

陳博士小講堂

子宮頸癌也是由病毒引起

不少因病毒所引起的發炎常常會導致癌症，除了肝癌外，另外一個最常見由病毒引起的癌症是子宮頸癌。和肝癌一樣，女性在罹患子宮頸癌之前，一定會先出現子宮頸發炎，發炎的原因就是感染了人類疱疹病毒（Human Papillomavirus，簡稱HPV）。

根據研究，人類皰疹病毒中，以16型、18型、31型、33型病毒最容易引發子宮頸發炎，長期干擾細胞，進而影響DNA中的E6、E7基因，導致P53及RB腫瘤抑制基因出現變化，就像肝炎變成肝癌的過程一樣。

2. 非病毒因子

導致肝臟發炎除了病毒之外，還有許多生活習慣因素，以及有毒的環境，包括：

（1）酒精中毒：長時間飲酒容易讓肝臟慢性中毒，因為酒精需要靠肝臟來解毒，過量的酒會造成肝臟的負擔。

（2）藥物：口服避孕藥、抗生素、抗結核藥。

（3）植物毒素：野生毒菇、黃麴毒素等等會導致肝臟壞死。

（4）環境毒素（化學藥劑）：四氯化碳、甲醛。

（5）身體異常代謝：身體裡的銅或鐵補充太多，也會引起肝的問題。台灣人太喜歡補鐵了，標榜補鐵的保健食品太多。反觀在美國，除非確定是缺鐵性貧血，醫生並不會允許病人補鐵。過多的鐵會讓肝臟受不了。此外，像脂肪肝、懷孕、缺血、Q型流感（Q Fever）也會引起肝臟發炎。

雖然得了肝炎不能輕忽，但事實上，肝炎自己會好，譬如免疫力好、健康的人會自己形成抗體（Antibody）來對抗病毒，讓血液中B型、C型肝病毒無法招架。

很多人以為病毒會被清除乾淨，其實是不會的。幾乎所有的病毒進入體內以後，永遠就在體內，包括我們曾經得過的所有感冒病毒，都還在體內。有人會說，不是被殺光了嗎？其實，大量的病毒在血液中被抗體擊潰之後，少數會跑到細胞核裡面，和人類的基因結合在一起。看起來這個人的肝炎治好了，肝指數恢復正常，血液中病毒數也降到零；事實上，還是有少數病毒躲到細胞核裡面。

也就是說，只要免疫系統正常、身體維持健康，這些細胞核裡面的病毒就不會出來作亂，可是如果哪天身體不好時，這些病毒還是有可能會跑出來。最常見的例子就是水痘病毒，水痘治好了，產生永久免疫，但如果年紀大或抵抗力差時，這些水痘病毒就會跑出來侵犯神經，引起非常疼痛的帶狀皰疹。所以，治療肝炎是一輩子的事情，治好了，要監控肝指數一輩子，而且要把病毒鎖在細胞核裡面，不能出來。

陳博士小講堂

如何得知肝臟發炎？

肝臟是一個沉默的器官，任勞任怨，即使到病入膏肓也不會喊痛，也因此肝發炎的人大多都沒有自覺症狀，頂多只是覺得比較勞累。一般最常見的檢驗就是抽血檢驗肝指數。肝指數，台灣還停留在 GOT 和 GPT 的舊稱呼，其實，早就已經改成新的稱呼 AST 及 ALT。

所謂的 AST 和 ALT，是肝細胞裡面的兩種酵素，屬於細胞內酵素，也就是說正常肝細胞並不會釋出這兩種酵素到血液中，但如果肝細胞壞死、分解，就會把這兩種酵素釋放到血液中。因此如果數值越高，就表示肝細胞壞死的數目越多，肝臟發炎越嚴重，通常超過四十，就是不正常，因此透過簡單的抽血檢查，就可以簡單判斷肝功能是否受損。

不過，肝功能檢查有一個很大的盲點，必須特別注意。肝指數異常，表示肝臟發炎，這是很肯定的，但肝指數正常，卻不表示肝功能正常，這是為什麼呢？因為如果肝硬化或肝癌末期，肝細胞已經壞死到差不多了，這時候血液中的 AST 和 ALT 就會漸漸下降，最後正常，這是因為肝細胞全部死光光，就沒有什麼酵素可以分泌了。所以，肝指數在肝臟病變的初期、中期時會升高，但到了末期時反而恢復正常了，因此要徹底檢查肝功能，需要搭配腹部超音波或是其他診斷方式，不能只看肝指數。

另外，在進行肝功能的血液檢查時，還常會看到「表面抗原」（Surface Antigen，例如 HBsAg）這樣的名詞，很多人不曉得，這個「抗原」指的就是「病毒」。「表面」則是病毒「外殼」的意思。藉由偵測血液中病毒外殼的濃度，可以間接推測病毒的濃度。血液檢查的結果，如果表面抗原的結果是「＋」，表示他仍是病毒的帶原者，也就是說，他的血液中還是有很多肝炎病毒在流竄，這表示它的免疫系統不夠健全，無法將病毒趕到細胞核裡面去。

另外一個偵測病毒數的方法是檢測血液中病毒的 DNA 濃度。要治癒肝炎，表面抗原必須轉為陰性，但要達到這個目標很難，如果病毒 DNA 濃度能控制在二百 IU/ml 以下，可以讓疾病的進展停止，長期併發症也減少，可以當作肝炎得到控制的基礎目標。

給肝臟發炎的自然醫學處方

1. 不可以有慢性肝炎

不要感染肝炎病毒，以及盡量遠離任何導致慢性肝炎的危險因子，才能夠遠離肝癌的威脅。如果已經罹患B型、C型肝癌或是酒精性肝炎了也沒關係，重點是趕快控制好。千萬不要讓肝指數處在升高的狀態，一定要想辦法降低肝指數，讓指數回到正常的數值內。

我在《怎麼吃，也毒不了我》一書中，曾提到我在美國診所透過「超級排毒配方」（Super Detox）來活化肝臟，每天二至四顆；另外是吃「草本排毒配方」（Herbal Detox）來保護肝臟，一天一至二顆；嚴重者一天可服用到二至四顆。千萬記得，對於得過肝炎的人，必須一輩子保護肝臟，用營養品與草藥將肝指數控制在正常值內，每年或每半年定時檢測肝指數，不要讓它有升高的可能，這樣就可以有效預防肝癌的發生。

2.免疫系統要好

想要有健全的免疫系統，最重要的就是充足的睡眠。我在臨床上發現，想要讓B型、C肝病毒數（也就是表面抗原）下降，最重要的條件就是要睡飽。晚上睡覺是身體修補受損組織以及對抗細菌與病毒最重要的時候，因此只要睡眠的「質」、「量」好，睡醒時精神十足，此時病毒數一定降下來。很多人都會說自己真的沒辦法，要趕報告、念書、工作等等，但免疫系統和健康是不跟你講條件、也不跟你妥協的，睡眠缺乏，勢必就要付出健康的代價。因此我還是只能說，想要身體健康、免疫力提升，那麼最重要的就是睡眠品質要好。

另外，草藥也可以幫助提升免疫力，但這最好要有自然醫學醫師的看診以及處方，才能對症下藥，我在美國診所最常用的免疫提升草藥就是紫錐花（Echinacea），如果搭配維生素C，效果就會加倍。

陳博士小講堂

西醫如何對付肝發炎？

西醫對於病毒性肝炎，主要分為抗病毒藥物和干擾素兩個治療方向。抗病毒藥物可以抑制病毒複製，副作用較少，但大多數療程結束後表面抗原仍是陽性，表示病毒並未消失，與沒有治療的病人相差無幾（每年大概〇・五至一％的患者表面抗原消失）。抗病毒藥物都是口服，例如肝安能、肝適能、喜必福、貝樂克等。

干擾素是人體本來就存在的一種物質，當病毒侵入人體後，人體的免疫系統就會產生干擾素，藉此抑制肝炎病毒進入肝細胞及在肝細胞內複製。但是，大部分慢性肝炎的患者血液中的干擾素極低，趕不上病毒大量複製的速度。干擾素可以透過注射的方式，但它最被詬病的地方是副作用大，病人會有類似重感冒的症狀，例如發燒、怕冷、疲倦、肌肉痠痛、頭痛、掉髮、食慾不振、嘔心、白血球和血小板降低、憂鬱、焦慮、失眠等等。在病毒數不是太大量時，干擾素的療效比抗病毒藥物明顯，但干擾素療法也很難有效清除表面抗原，大概每年三至八％的患者表面抗原會消失。

所有的過敏都是發炎

說到過敏，一般人通常只聯想到流鼻水、皮膚癢；其實，注意力不集中、長期疲倦、腹瀉、便祕、失眠、頭痛、常感冒，甚至憂鬱，都可能是慢性過敏引起的身體反應！不論是哪一種過敏，都可歸納為「發炎」，因為過敏不過是身體以「發炎」形式排出異物的過程而已。如果處理不好，發炎從急性變成慢性，就會出現濕疹或氣喘等疾病；再繼續惡化，就可能演變成自體免疫疾病，例如僵直性脊椎炎、紅斑性狼瘡、類風濕性關節炎等等。

過敏是無所不在的現代問題

在美國，每年春天，受花粉困擾的人非常多，這大概是美國最常見的過敏了。在台灣，由於是海島型國家，花粉很少，主要的空氣過敏原是氣候潮濕引起的塵蟎和黴菌，和美國大不相同。花粉過敏都出現在內陸國家，因為內陸氣候相當乾燥，因此大片森林和草原所飄散到空中的花粉不易沈澱到地面，一旦被人體吸入，有過敏體質的人就會引發一系列的過敏反應。不管是花粉、塵蟎、黴菌，對於不過敏的人，沒什麼影響，但對會過敏的人而言，就像吸入胡椒粉一樣，非常刺激，會讓黏膜非常不舒服。

不管是花粉、塵蟎、黴菌、貓狗皮毛，這些空氣過敏原通常會引起呼吸道症狀，例如鼻子癢、打噴嚏、流鼻水、鼻塞、頭痛、注意力不急中、蕁麻疹、結膜炎、咳嗽、氣喘等症狀。

記得在二十年前，台灣從來沒有沙塵暴的問題，但最近幾年，由於中國大陸北方的森林屏障受到破壞，沙塵暴可以從蒙古直接吹到台灣，因此，每次沙塵暴一來，除了灰濛濛能見度大幅降低之外，有敏感體質的人也會發現呼吸較為不順，甚至有咳嗽、過敏的症狀，氣象局因此會呼籲沙塵暴來襲時，民眾盡量待在戶內，不要外出。

陳博士小講堂

降低發生花粉熱的小撇步

小時候住台灣，常受到塵蟎的困擾，後來到美國工作幾年之後，慢慢對花粉產生敏感。尤其去年搬到加州的郊區，發現空氣中花粉的濃度，比城市高出很多，春天一到，空氣中彷佛就像灑滿了胡椒粉一樣。對於過敏體質的我，阻隔花粉、草屑這些過敏原，就成了當務之急。首先，美國的 www.pollen.com 網站，每天會公布各大城市的花粉濃度，就像氣象報告一樣，可供過敏體質的人參考。花粉濃度高時，或是要割草的時候，我發現戴N95口罩或防毒面具、眼罩，有不錯的效果，可以把花粉和草屑阻擋在外。N95口罩在台灣SARS期間，非常熱銷，因為它能有效隔絕病毒被吸入進入體內；試想，它連微小的病毒都可以阻擋，更何況是花粉或塵蟎顆粒呢？有過敏體質的人，有需要時，不妨一試。

至於關窗也是一個杜絕花粉的祕訣。在氣候濕熱的台灣，我鼓勵盡量開窗，才能保持空氣流動，避免滋生黴菌。但在內陸國家的花粉季節，卻要反過來，盡量關窗才能避免花粉飄進室內，等到花粉季節過去，才恢復開窗的習慣。

發炎本是正常的生理反應

我常常對我的病人說，過敏不是什麼大不了的事情，只不過是身體想要把不需要的東西排出來罷了！打噴嚏、流鼻水、咳嗽、過敏皮膚流汁，不外乎是想要把過敏原排出來，不要太緊張。所有的過敏反應，通通是發炎反應，而我一再強調，發炎不是病，是一種正常的生理反應，它有兩個主要目的：清除與修復。如果身體有不恰當的外來物進來，身體就會啟動發炎反應將它驅逐出境，只不過，有過敏體質的人，對一些無害的物質，會誤以為是有害的外來物，因而引發過敏反應，這就不是正常的生理反應了。

如果初患過敏，那些擾人的症狀不過只是警訊，我們藉此及時把過敏原查出來，避開過敏原，調整飲食內容，服用一些抗過敏的營養品或天然草藥，通常過敏就可以結束，也不容易再犯。但如果不查出來、也不避開過敏原，一直在接觸，飲食也不恰當，甚至一味用人工藥物壓抑症狀，這時候過敏就會反反覆覆、越來越嚴重，我臨床上遇過許多每天要用支氣管擴張劑、或是過敏到體無完膚的小病人，就是這樣慢慢造成的。

自體免疫疾病也和發炎有關

我在《過敏，原來可以根治！》一書中提過，很多自體免疫疾病都是因為過敏沒有治好，再加上體內毒素的干擾所致。自體免疫疾病包括：乾眼症、乾燥症（Sjogren's Symptoms）、類風濕性關節炎（RA）、紅斑性狼瘡（SLE）、僵直性脊椎炎（AS）、多發性硬化（MS）、第一型糖尿病（IDDM）、白塞氏症（Behcet's Syndrome）等等。

「自體免疫疾病」目前在醫學上的解釋是，人體的免疫細胞因為辨識錯亂，所以攻擊正常細胞。但是，我不認為問題出在免疫細胞上，而是有太多的毒素透過飲食與污染累積到身體的關節、皮膚、黏膜，導致免疫系統將這些正常的組織誤認為是敵人，於是進行攻擊。

人體的抗體會攻打自己的關節、皮膚、黏膜，這是目前在現代醫學上難以根治的問題，只能壓抑症狀，唯有用自然醫學的抗過敏和排毒的療法，才能使這一連串的「錯把自己當敵人」的發炎反應，回歸正常。

病源

一切過敏是肥大細胞不穩定

雖然醫學上把過敏疾病分為：過敏性鼻炎、鼻竇炎、過敏性中耳炎、過敏性咳嗽、花粉熱、過敏性結膜炎、氣喘、蕁麻疹、異味性皮膚炎、濕疹、牛皮癬、腸胃道過敏、克隆氏病、腸漏症、潰瘍性結腸炎等等，但其實這些疾病在細胞分子層面是相當類似的，那就是肥大細胞不穩定。

幾乎所有的過敏都發生在黏膜和皮膚，而這些地方，就是肥大細胞密集之處。如果可以穩定肥大細胞，許多過敏症狀就會緩解。例如西藥的抗組織胺，就是抑制肥大細胞分泌組織胺，藉此緩解組織胺引起的鼻癢、鼻塞、流鼻涕、打噴嚏、皮膚癢、疹子、皮膚流汁、支氣管收縮等等。

肥大細胞與過敏反應示意圖

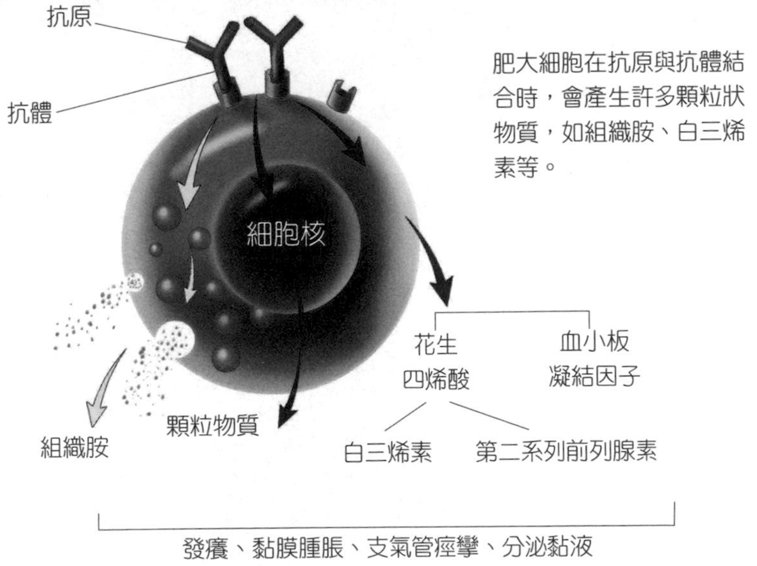

肥大細胞在抗原與抗體結合時，會產生許多顆粒狀物質，如組織胺、白三烯素等。

過敏疾病示意圖

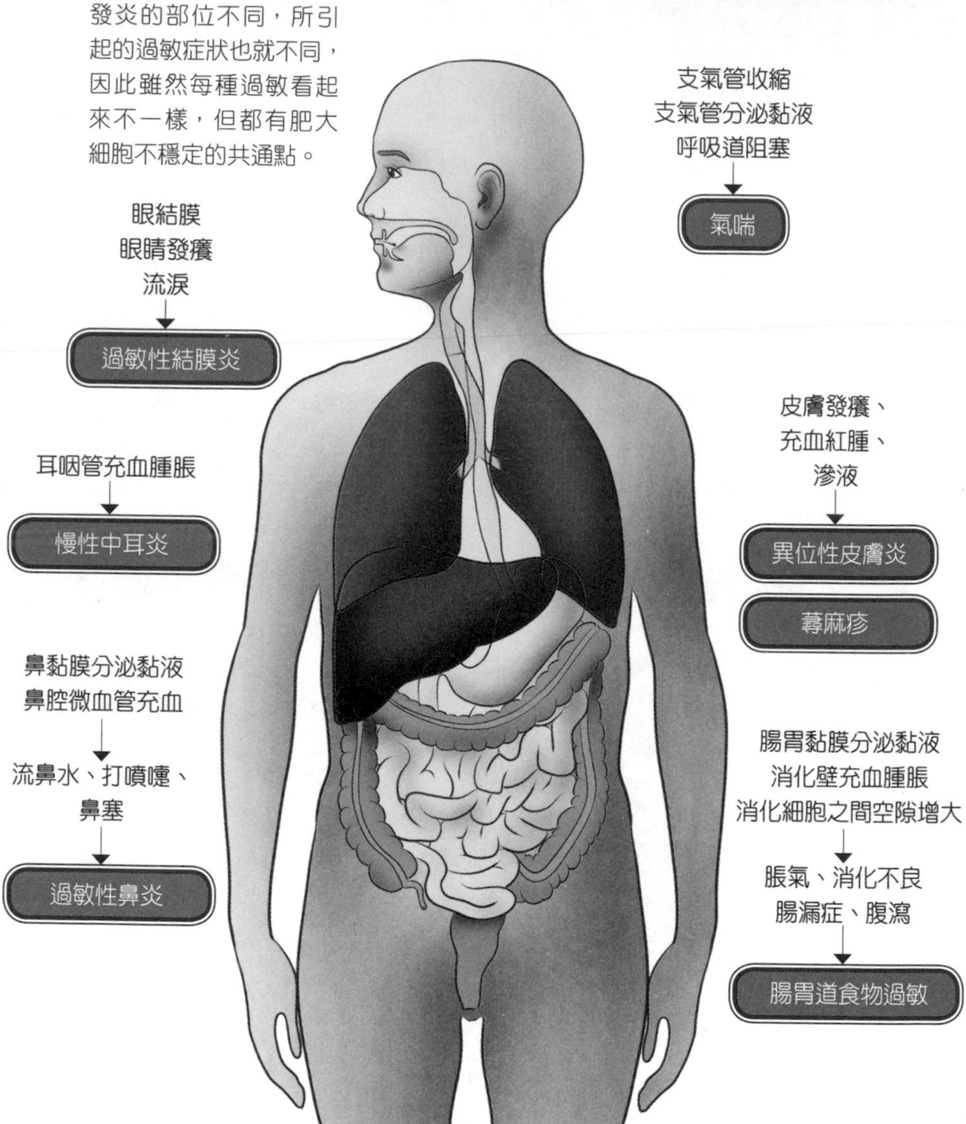
發炎的部位不同，所引起的過敏症狀也就不同，因此雖然每種過敏看起來不一樣，但都有肥大細胞不穩定的共通點。
眼結膜
眼睛發癢
流淚
過敏性結膜炎
耳咽管充血腫脹
慢性中耳炎
鼻黏膜分泌黏液
鼻腔微血管充血
流鼻水、打噴嚏、鼻塞
過敏性鼻炎
支氣管收縮
支氣管分泌黏液
呼吸道阻塞
氣喘
皮膚發癢、充血紅腫、滲液
異位性皮膚炎
蕁麻疹
腸胃黏膜分泌黏液
消化壁充血腫脹
消化細胞之間空隙增大
脹氣、消化不良
腸漏症、腹瀉
腸胃道食物過敏

給過敏疾病的自然醫學處方

從自然醫學的角度來看，服用抗組織胺西藥並不是徹底解決的辦法，而是要從飲食與環境的改變，徹底穩定肥大細胞。如果比較嚴重，還可使用草藥與針灸，可以發揮很好的效果。

不管是哪一種過敏，以下的處方都可以緩解症狀，甚至逆轉過敏體質，如果多項同時進行，效果更加明顯。

1.阻隔過敏原

如果易有花粉熱的人，在花粉季及割草時，要記得戴眼罩和口罩，也要盡量關窗；如果是塵蟎過敏，房間要打掃乾淨，盡量用水溶式的吸塵器，把塵蟎、毛屑、蟑螂的殘骸吸到水裡面再倒掉，讓室內保持低過敏原的狀態，這是過敏防治最基本的第一個步驟。

2.避免毒素

家裡的裝潢建材不要含有甲醛、揮發性溶劑，也不要使用含有化學添加物的洗衣粉、漂白水、香皂等清潔劑，最好選用天然、簡單，沒有化學添加物的洗潔用品，例如用食用油做成的天然手工皂、洗衣粉等等，才不會因為毒素的刺激而誘發過敏或使過敏惡化。另外，也要避免使用蚊香或其他的液體殺蟲劑等，這些有毒成分既然可以殺蟲，就會對身體產生負面的影響。

3.蕁蔴葉的奇妙功效

蕁蔴（Stinging Nettle）是一種奇特的植物，葉片上有細毛，如果皮膚碰觸，很容易起疹子，這就是「蕁痲疹」的名稱由來。但奇特的是，當我們把蕁蔴煮熟吃下肚後，不但不會引發過敏，還能治療及預防花粉熱及蕁痲疹。煮熟的蕁蔴很安全，北美的印地安人還把它當成食物，吃起來的味道很像菠菜。

對於輕微的花粉熱，可以服用新鮮的蕁蔴葉片冷凍乾燥後製成粉末，每天服用三至五次，每次一茶匙，再加約八十五毫升的水，就可以多少改善及預防花粉熱。如果習慣性每年都會對花粉過敏的人，我會建議在花粉季來臨前一個月開始服用，可以有一定的預防效果。不過，我的臨床經驗發現，這是非常緩和的療法，有些人的效果並不明顯，對於中重度過敏或急性過敏，就必須要靠大量維生素C加針灸與中藥。

4.補充大量維生素C＋生物類黃酮

維生素C可以中和體內過多自由基、避免細胞膜受破壞、穩定肥大細胞，更可以強化結締組織，因此當身體處在發炎狀態時，需要特別大量的維生素C。維生素C是天然的抗組織胺物質，發表在一九九二年《美國營養學院期刊》的一個實驗證明，光是每天服用二公克維生素C，一週之後，組織胺濃度平均降低三十八％。根據美國農業局（USDA），維生素C的每日建議飲食攝取量（RDA）為九十毫克，但這樣的劑量太低，健康人可能還勉強可以。不過，如果身體正在發炎、過敏、感冒、發燒，需求量將大幅增加。為了快速緩解症狀，臨床上我們常會建議補充最大劑量（見第一二四頁），急性過敏補充大劑量維生素C常會有快速效果，補充過量時，最常見的副作用是拉肚子，劑量降下來就可以了。

除了維生素C外，生物類黃酮也是很重要的補充品，它在自然界都是和維生素同時存在的，因此為了強化效果，我建議維生素C與生物類黃酮一起服用，對改善過敏症狀會有一加一大於三的效果。

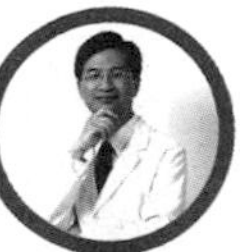

陳博士小講堂

嚴重過敏的小撇步

如果你的過敏比較嚴重，補充的大量的維生素C和生物類黃酮的效果都還不夠明顯時，建議可以加上強效的特殊生物類黃酮來幫助減緩過敏反應。

臨床上我最常用的兩種強效的生物類黃酮，一是日本人常用的野生玫瑰花瓣的萃取物，二是我在美國診所常用的頂級槲黃素（Quercetin），這些強效的生物類黃酮有很明顯的抗過敏、抗發炎，甚至有保護血管的效果。建議劑量視症狀而定，症狀輕微者通常一天補充二百五十至五百毫克就會開始見效，嚴重者可補充一千五百毫克。

5. 補充好油

要穩定體內的肥大細胞，除了靠先前所說的維生素C，還可以多吃好油。人體的細胞膜有一半以上的成分是脂肪，如果能補充好油，就可以讓細胞膜更加穩定。另外，好油還可以幫助體內形成可幫助消炎的第一系列前列腺素（PGE_1），所以建議補充大量的Omega-3，例如亞麻仁油、魚油、海豹油。不過，亞麻仁油在體內要轉變成人體可以使用的形式，需要特殊的酵素，有些人缺乏這種酵素，就不能轉換，吃亞麻仁油就看不出效果，這些人就必須要吃魚油或海豹油才能見效。Omega-3 的服用量要大，效果才好，建議一天至少一至二湯匙。

6. 避開壞油

如同先前第六十三頁一再提醒大家，千萬不要碰氫化油、氧化油，因為這些壞油對過敏與其他發炎的影響非常重大。另外，陸上動物的肉因為含有大量的花生四烯酸（AA），會在體內換轉化成促發炎的第二系列前列腺素（PGE_2），應該盡量少吃。

7. 補充專攻過敏的益生菌

如果你有過敏症狀，同時又有消化不良、便祕、腹脹、腹瀉、或其他腸胃不適的問題，表示腸胃道裡壞菌太多、好菌太少，這時候補充專攻過敏的益生菌，就會得到很好的效果，你會發現不但過敏消退了、腸胃症狀也改善了。

8.不要吃糖

糖會和維生素C競爭，如果平時喜歡吃甜食、喝含糖飲料，又少吃新鮮蔬果，免疫系統就會受到很大的干擾，例如過敏、自體免疫、發炎、常感冒，都比較容易好發。詳見《過敏，原來可以根治！》第二一七頁。

9.不要吃冰

冰會刺激氣管和食道旁邊的迷走神經與交感神經，造成神經不穩定引起呼吸道的過敏症狀。

10.優質睡眠

睡眠品質與過敏的關係非常密切，如果睡眠「質」與「量」都好，體內的腎上腺皮脂醇就會足夠。腎上腺皮質醇就是身體自行生產的類固醇，如果足夠，過敏就會控制得好，這些機制在《過敏，原來可以根治！》第一八四頁有詳述。腎上腺的荷爾蒙充足，也就是中醫所說的腎氣充足，腎氣足，過敏就不易發作，臨床上大部分過敏患者都有腎氣虛的證候。

11.保持副交感神經旺盛

簡單來說，就是要盡量讓自己放鬆，如此一來才會使副交感神經旺盛，身體就不容易過敏。我最常建議病人的是腹式呼吸、八段錦或太極拳，這類的身心運動除了可以幫助身體放鬆與紓壓，也可以調整交感與副交感神經，讓兩者趨於平衡。腹式呼吸還能幫內臟進行按摩，八段錦很容易學，而太極拳還可以提升全身的平衡感與協調能力，也有防身的效果。

12. 調整寒性體質

大部分有過敏的人都屬寒性體質，我建議可以在日常飲食當中，酌量添加薑、胡椒、肉桂等熱性佐料。另外，春捲療法也是一個促進血液循環和平衡免疫系統很迅速的方法，大致的作法是先沖熱水澡，之後不穿衣服，用恰到好處的棉被把全身包得像春捲一樣，讓身體大量發汗，慢慢的讓身體放輕鬆，如果想睡就睡吧。二十至三十分鐘醒來之後，你會發現棉被是濕的，但皮膚是乾爽的，全身感到輕盈且無比順暢（詳細作法可參見《怎麼吃，也毒不了我》第二五三頁）。當然，透過中醫診斷來改善體質也是正統的方法，但是最好找可靠的中醫師細心診斷後，再進行中藥方調理。

13. 特殊療法

大部分中輕度的過敏用上述的方法都可以緩解，如果是重度或急症過敏，那就要加上針灸或中藥湯劑，這些方法需要經驗豐富的專業中醫師來操作，在此就不多說。另外，斷食也是效果相當強烈的特殊療法，但也是需要專業醫師的協助，並不建議自行在家進行，詳見《過敏，原來可以根治！》第一一六頁、《怎麼吃，也毒不了我》第二六〇頁。

過勞會讓發炎急速失控

在台灣，「超時工作」、「責任制」這些職場上的名詞，相信大家並不陌生。「過勞」已是普遍現象，而「過勞死」，更是時有所聞。在競爭激烈的職場上，一天工作十四小時並不稀奇。二〇一一年二月，台灣竹科的一位謝姓工程師因為長期每天超時工作，有一天突然在租屋猝死，而他的電腦螢幕正停留在台灣十大死因的畫面，這不是巧合，而是告訴我們，雖然他已經察覺到健康亮起了紅燈，但卻沒有意識到這次的身體疲累可能是最後一次的警訊，若不及時挽救，即將喪失年輕寶貴的生命。

疲勞不是病，正常人偶爾都會覺得疲勞，只要好好休息就會恢復；不過，如果長時間過度疲勞，真的會要人命！對於長期睡眠不足、壓力過大的過勞族來說，體內的發炎機制很沒有效率，器官組織正在急速衰退當中。如果你發現休息睡醒之後還是覺得很累，那麼，你就是名符其實的「過勞一族」了，千萬別再挑戰自己的身體極限，趕緊休息、補充養分，讓身體有修復的機會，以免為時晚矣！

過勞是常見的身體警訊

「過勞」是現代化社會常見的現象，尤其在日本、台灣、香港、中國大陸，因為競爭激烈，大家為了達成工作目標，常常在不知不覺中，犧牲了休閒與睡眠時間，以換取工作績效，也常因此而賠上了健康。「過勞」，是每個現代人必須正視的問題。

「過勞死」是因長期過勞而猝死，這個名詞並不是一個正式的醫學診斷。那麼，因過勞而死亡的病因是什麼呢？統計發現，最常見的是腦心血管疾病，也就是腦中風或心臟病。一個人怎麼會好好地突然死亡呢？難道事先沒有警訊嗎？我們在前面提過，腦心血管疾病是健康的隱形殺手，因為即使動脈堵塞七十％，很多人還是沒感覺，一旦病發，有一半以上的人就死了，沒有第二次發作的機會。這就是為什麼過勞猝死，大多數的死因是腦心血管病。

二〇一一年十月，蘋果電腦創辦人賈伯斯（Steve Jobs）去世，世界上少了一個很有貢獻的人。我個人認為，賈伯斯也是過勞而死，雖然他得過胰臟癌、做過肝移植，但他沒有給自己足夠的休息，即使手術非常成功，但卻一年比一年消瘦，最後真的就走了。

其實，過勞會引起的疾病非常多，不限於腦心血管疾病，例如常感冒、自體免疫疾病、癌症、過敏、消化道疾病、男女不孕等等，幾乎所有與發炎有關的疾病，都會因為過勞而誘發或惡化。但是，因為其他發炎疾病通常不會馬上死亡，而且有明確的醫學診斷，所以大家不會把它們和過勞畫上等號。只有因「過勞」而引起「過勞猝死」，才會引起大家的關注，而這類的猝死案件，通常就是由剛才提到的腦心血管隱形殺手所造成。

所以，過勞其實是一個非常普遍廣泛的問題，和許多慢性疾病密切相關。一個人在長期過勞的情況之下，身體的發炎不但沒有效率，而且常會快速失控，就像下坡的車子，如果煞車壞掉了，就會因地心引力急速往下衝，一不小心就會車毀人亡，非常危險。很多過勞死的人都是年紀三十幾歲的年輕人，為什麼會猝死，就是仗著自己還年輕，忽略身體的警訊，而讓發炎快速失控。在過勞引起慢性疾病或過勞猝死之前，其實，身體還是會發出訊號的，只是我們必須夠敏銳，必須靜下來，停下腳步，好好檢視自己的健康。

長期過勞，發炎會急速失控

當我們的體力長期透支、睡眠不足、營養不夠時，身體多多少少會發出求救警訊，例如常常疲勞、睡醒之後沒有精力充沛、睡不飽、頭暈、昏倒、失眠、黑眼圈、腰痠背痛、肩頸痠痛、頭痛、關節疼痛、腸胃不適、腹瀉、容易過敏、記憶力下降、注意力不集中、肝指數異常、失眠、免疫力低下、傷口癒合慢、反覆感冒、身體某些部位發冷或發熱、容易起疹子等等。這些看起來都是小毛病，很容易讓人輕忽，但如果你常常受這些小毛病的困擾，沒有辦法恢復體力、恢復生命力、保持精力充沛，很有可能，你已經過勞了！

人體在睡眠時，會積極主動修復受損組織與補充新生細胞。一個人如果過勞，勢必睡眠不足、壓力過大、營養不良，這三大因素都會嚴重影響身體修復。如同本書一再強調，人體是靠發炎反應在修復受損組織，**如果長期過勞而使得發炎機制缺乏效率，導致受損的組織今天還沒修補完全，明天又繼續損壞，如此日積月累，就會造成發炎反應急速失控，組織或器官快速崩壞**，這如果發生在腦心血管，就會年紀輕輕就產生血栓或血管爆裂（請參考第一七六頁腦心血管疾病的成因），這就是最常見的過勞猝死的原因；當然，剛才提到的其他發炎相關疾病，也會因為過勞使發炎急速失控而加速形成。

陳博士小講堂

過勞死的名稱是怎麼來的？

嚴格說來，過勞死不是一個醫學的診斷名稱，而是日本人創造出來的新名詞，過勞死（かろうし，拼音為Karoshi）。在一九六九年，日本最大的報社運輸部門一位二十九歲的員工於工作時猝死，可是當時並未引起廣泛注意，直到一九八〇年代，正值日本泡沫經濟時期，該公司好幾位高層員工正值壯年、沒有明顯疾病，但卻在工作中猝死，這才引起日本人高度關心，當地媒體針對該事件大幅報導，並很快把這現象稱為「過勞死」。日本官方不得不於一九八七年開始調查統計，每日工作超過十二小時，每星期工作六天，定義為工時太長，因此導致的猝死，稱為過勞死。

雖然日本官方已經發現猝死和工時太長、工作壓力大有很直接的關係，但在日本，每天無薪超時工作兩小時的現象仍非常普遍。根據二〇〇七年日本厚生勞動省的統計，一年內就有一百八十九人過勞死；二〇八人因過勞產生重病；更有九百二十一人罹患精神疾病，二〇一人自殺。

在台灣，政府也越來越重視勞工的過勞問題，二〇一〇年年底勞委會訂出了「職業促發腦血管及心臟病之認定指引」，除了腦出血、腦梗塞、高血壓性腦病變等八種疾病之外，還新增狹心症、嚴重心律不整、心臟停止及心因性猝死等四項過勞死疾病，並且在全台九大職業病防治中心設立「過勞門診」。

你是過勞一族嗎？

人為什麼會過勞？簡單的說，過勞就是工作量超過自己所能承受的負荷，而且也無法得到充足的休息。台灣的竹科和美國的矽谷，由於競爭激烈，過勞的人很多。「時間就是金錢。」這句話在電腦科技產業真是非常貼切，電腦產品推陳出新的速率非常快，新產品的推出必須搶時間，促使很多公司用高薪、高獎金鼓勵員工拚命工作。我曾聽說，某公司只能待七年，因為七年之後身體就被操壞了。我也常聽科技業的朋友說，四十歲以前拿健康換金錢，四十歲以後拿金錢換健康。

北京有一家投資銀行，每天凌晨三、四點，辦公室還是燈火通明，員工連上廁所一不小心都會睡著。我曾經在台北諮詢過一位超時工作最誇張的案例，工作壓力大到氣喘發作不用說，她有一次告訴我，她工作到凌晨五點多下班，搭頭班公車回家，洗個澡換完衣服後，又搭公車回公司，九點又準時上班。她當然不是天天如此，但每天加班到深夜卻是常態，她大概是我見過的過勞冠軍了，這樣的超時工作，連超人都受不了，更何況我們一般人，身體怎能不生病呢？

從我常說的「影響健康五大因素」來逐一分析，過勞有以下五個成因，值得每一個人好好檢視自己的生活型態，是不是不知不覺之中，自己已經成為過勞一族了呢？

1. 營養不足：大部分的過勞者都有營養不足的問題，身體沒有足夠的養分製造健康細胞時，一旦累倒，當然就沒有什麼本錢復原了，這裡指的營養不一定是蛋白質、澱粉與油脂，而是微量的營養素，例如各種維生素、礦物質，還有抗發炎最重要的維生素C、Omega-3 必需脂肪酸、植物生化素等等。

2. 壓力太大：根據美國的問卷調查，有三分之二的美國人不喜歡自己的工作。從事自己不喜歡的工作，基本上就是一種潛在的壓力，就算沒有加班、一天只上八個小時，還是對身心造成影響。至於那些科技新貴，天天處在一種要和時間賽跑的職場環境中，絞盡腦汁、嘔心瀝血，壓力當然就更大了。人是很主觀的，做自己喜歡的事，十個小時都不會累，但做自己討厭的工作，五個小時就不耐煩，所以喜歡自己的工作是一件很重要的事。每一位社會新鮮人在找工作時，都要謹記「選擇你所愛的，愛你所選擇的」，不要做一行怨一行。

3. 運動不足：現在的上班族大多待在辦公室裡，不是坐在電腦前、文書工作，就是在會議室開會，加上工時都太長，所以普遍運動缺乏。適度均衡的運動，可以調高身體運作的效率，包括發炎也會比較有速戰速決、乾脆俐落，如果運動不足或過度，卻會讓發炎趨向失衡。

陳博士小講堂

曬太陽就能獲得維生素D_3

太陽曬太少，除了會讓人臉色蒼白之外，也會嚴重影響體內維生素D的合成，甚至干擾身體運作，有這問題的人其實極多無比。最近在美國的西醫界和自然醫學界，都注意到這個現象極為普遍，最簡單的方法就是補充高單位維生素D_3或是每天曝曬足量的太陽。至於要照射多久，那就看陽光強度而定，最客觀的方式就是抽血檢驗血中維生素D_3的濃度，以決定補充維生素D_3和曬太陽的劑量。

4.作息失常：過勞最主要的成因就是作息嚴重失常，很多人每天工作十二小時，甚至有人每天工作十六小時。我認為最標準的工時是八小時，一般人所謂的朝九晚五，指的就是工作八小時，中午吃飯和午休加起來一小時。美國人是我見過最徹底遵守工時八小時的族群，以前我住西雅圖的新社區，看到建築工人每天早上七、八點就開始工作，

過勞死，也和身體發炎失控有關！

工作壓力太大、工時太長、作息和飲食都不正常，再加上現代人先天的體質太差，很容易導致發炎機制失控，如果又得不到足夠的養分和休息，很有可能會過勞猝死。

連續很多天加班趕工
成了過勞族
腎上腺荷爾蒙分泌衰退
身體器官發炎失控
導致腦血管和心血管變得非常脆弱

可能死於腦血管疾病
也可能死於心臟疾病！

過勞所引發的猝死，常常是因為腦部和心臟受到侵襲，短時間就讓人暴斃喪命。

下午四時一定準時收工，然後回家去划船、慢跑、健走、滑雪、登山等等，到了週末就聚餐、唱歌、逛街、割草、洗車、修車、上教會。西雅圖的夏天，下午九點多太陽才下山，所以，下午四時收工之後，還有五個小時天是亮的，還可以從事很多休閒活動。相較之下，日本人、台灣人、大陸人的休閒時間就少很多。如果不喜歡自己的工作，至少下班之後從事自己喜歡的休閒活動，多少也有平衡身心的效果。

所以，我在美國診所，常常要求病人要盡量履行我發明的「三八策略」，也就是工作八小時、休閒八小時、睡覺八小時，這是最好的時間分配了！可惜，在忙碌的現代化社會，很多人達不到這個目標，甚至在全球經濟不振的壓力下，現在連美國矽谷的工程師也開始面臨加班的壓力，工作到晚上七、八點，甚至十點，時有所聞，嚴重影響了生活作息，也影響了健康。

「三八策略」是我認為最佳的作息分配，而且睡眠時間最好要橫跨晚上十一點到凌晨三點之間，因為根據中醫理論，這四個小時是肝膽經運行的時間，而根據生理學的學理，這段時間是肝臟運作最旺盛的時候，應該躺平睡覺，讓身體好好地排毒與修復。**如果錯過這個黃金睡眠四小時，身體的修補就不能很有效率，發炎就容易失控**，早上起床就容易精神不濟，再多睡幾個小時都不能補足體力。所以，最晚的入睡時間，應該在晚上十一點之前，睡足八個小時之後就會自然醒來。有些人需要九小時，有些人七小時就可以，睡眠長短因人而異，但以睡醒時精神飽滿、不想再睡為判斷原則。

5. 毒素太多：影響身體的毒素很多，有些是我們自己產生的，例如荷爾蒙代謝中間產物、肝臟排毒中間產物、大腸壞菌產生的毒素，有些是不小心吃進身體裡，例如塑化劑、三聚氰胺、雙酚A、戴奧辛、農藥，有些是碰到或是吸入，例如汽車廢氣、工廠廢氣、裝潢建材的有機溶劑等等，不論是什麼類型的毒素，一旦體內有毒素，就會產生干擾，影響身體的生命力與復原力，發炎和過勞都會因此惡化。

過勞是腎虛的一種現象

很多人都聽過腎虛，到底中醫說的「腎虛」是什麼？其實，從西方的生理學與病理學角度來看，中醫腎虛指的是腦下垂體、腎上腺、腎臟、膀胱、生殖系統等一連串器官衰退所引起的症狀。對於一般上班族或年輕人而言，最常見的腎虛就是腎上腺功能衰退，換成一般人可以理解的語言，那就是過勞。根據我的臨床統計，現代的城市上班族，有一半以上的人有腎虛的問題。

為什麼現代人普遍都會腎虛呢？除了前面提到的工作壓力太大、工作時間太長、作息不正常，加上飲食不均衡外，還有一個很重要的原因，就是先天的體質太差。和現在六、七十歲的老年人相比，現在二十至五十歲的青壯年比上一代長輩年輕時的體力還要差，可說是一代不如一代了。為什麼會這樣呢？我在《吃錯了，當然會生病！》一書中曾提過，過去飲食中的人工添加物、化肥、農藥、環境污染相對比較少，因此當今的老年人在他們年輕時的成長過程中，不論飲食、環境都比較有機、乾淨，體能鍛鍊也比較足夠，所以他們的身體底子比較好，反而是現在青壯年人，從母胎到成長過程中受飲食與環境污染的影響較大，導致先天上體質較弱，再加上後天飲食不良、生活作息混亂，當然就容易腎虛了。

想知道自己是否有過勞風險，只要檢測自己的腎上腺荷爾蒙（有沒有腎虛）就可以看出端倪了。檢查腎上腺功能的方式有下面幾種：唾液荷爾蒙測試、瞳孔縮放測試、姿勢型血壓量測、中醫把脈檢測等，可參見《過敏，原來可以根治！》第七十四至八十頁。

病源 過勞↓加重腎虛（腎上腺荷爾蒙分泌不足）↓發炎急速失控↓器官更脆弱

透過中醫把脈和腎上腺功能檢查，我統計現代城市年輕人至少一半以上有腎虛和過勞的現象。睡眠不足和壓力太大最容易刺激腎上腺荷爾蒙的分泌，長久下來，腎上腺的功能就會衰退，腎上腺荷爾蒙就會分泌不足，臨床症狀就是疲倦、痠痛、頭暈、畏寒或潮熱、免疫力低下、過敏等等，這些都是腎虛與過勞的共通症狀。如果微小的警訊不放在心上，繼續虐待身體，那麼受損的組織無法修復，又會繼續擴大範圍，更深層地干擾發炎機制，導致發炎反應急速失控。如果這個失控，發生在腦心血管，就會造成器官脆弱，搖搖欲墜，一旦壓垮駱駝的最後一根稻草壓上來時，就會引發心臟病或腦中風而猝死，這就是最常見的過勞死病因。

另外，過勞的人還容易死於敗血症，這也和發炎有關係。因為長期過勞的人，體內的免疫系統處於一個持續衰退與容易混亂的狀態，所以一旦有病菌入侵血液循環，身體便無法招架，沒有足夠的健康白血球來擊退病菌，整個發炎機制受到嚴重拖累，常常不小心一個感冒或受傷，就在幾天之內一命嗚呼了。

陳博士小講堂

敗血症成為國人重大死因之一

兩年前，我間接認識一位在美國加州矽谷工作的工程師，被派回台灣的新竹科學園區工作，有一天因為發燒不舒服住進醫院，在短短的兩天之內就死亡，死因是敗血病，死時才三十六歲，周遭的人都很錯愕。二〇一一年初上海國際知名會計事務所，有一位二十五歲的交大畢業女高材生，因為高燒不退住院治療，但沒幾天就因為腦膜炎引發敗血症不治。這位女孩曾用手機發出「最近只要有空檔就發燒」的簡訊內容給友人，這表示當身體過勞不堪負荷時，多少會有一些警告訊號。但問題是，我們意識到這警訊的嚴重性嗎？願意停下腳步嗎？「休息，是為了走更長遠的路！」這句話，對於過勞工作者而言，是一句值得謹記在心的座右銘，而且應該時時奉行。

長期過勞的人，一旦遭受病菌感染，容易造成發炎失控，嚴重時可能會引發器官衰竭、血壓下降、休克，甚至死亡，這就是敗血症。根據統計，二〇〇七年台灣十大死因的第十名就是敗血症。整體而言，之所以會出現敗血症，通常和免疫力低下有關係，青壯年最常見的敗血症就是因為過勞所引起，而老年人則往往是因為慢性疾病纏身，例如糖尿病晚期、肝硬化、腎衰竭、癌末等等。

為什麼叫做敗血症呢？顧名思義，就是白血球節節敗退，不能抵擋細菌的侵襲。當體內的白血球無法對抗外來的病菌，身體會有代償作用，也就是會製造更多的白血球來對抗病菌，好比戰爭失利，正規部隊節節敗退，只好徵招少年軍支援，但是連正規部隊都打不贏，派那些未經訓練的少年怎麼打得贏呢？所以，雖然體內白血球數量大增，但卻是一些不成熟的白血球，所以極容易造成發炎失控的現象，最後常以器官衰竭收尾。

敗血病是一個死亡率極高的病症，每兩個被判定敗血病的人，就有一個人會死亡，而且即使存活下來，後遺症通常也很嚴重。診斷敗血症主要有下面四個指標：心跳加速、體溫上升、呼吸加快、白血球數目增加，只要符合其中兩點，再加上有感染源，就是敗血症。敗血症會引發的後遺症都很麻煩，例如若是造成腎衰竭，則以後要洗腎；若是呼吸衰竭，則以後要插呼吸器；若是腦缺氧，則會變成植物人；若是四肢壞死，則要截肢等等，這些都是非常可怕的後遺症，絕對不可掉以輕心。

1.睡眠充足

我一再強調「睡眠皇帝大」，意思是所有的疾病療法裡面，睡眠是最基本、也是最重要的。一個人可以一個禮拜不吃飯，但卻不可以一個禮拜不睡覺，其實大概只要三、四天不睡覺，人腦就會錯亂，變得像精神病人一樣。世界上許多重大安全事故，都是員工缺乏睡眠造成的，例如車諾堡（Chernobyl）核能事件。如果每天只睡幾個小時，長期下來睡眠不足，那就會形成過勞和腎虛，此時的身體運作處於很缺乏效率的狀態，器官的損害會持續惡化，因為器官組織的修補，主要是在睡眠中進行。因此，避免過勞的第一守則就是好好睡覺。睡好覺的療效，比吃營養品和吃藥還要有效，而且不花半毛錢。

2.補充營養素

最簡單的方式就是適量地補充高品質天然營養品，例如天然綜合維生素與礦物質、天然抗氧化劑（維生素C、維生素E、天然硫辛酸、植物生化素）、Omega-3的必需脂肪酸（亞麻仁油、魚油、海豹油），劑量因人而異，也因程度而異。現代科技的發達，使我們可以從食物或植物中取得高倍的營養濃縮或萃取，以彌補因為長期外食所帶來的飲食失衡或是不正常飲食所造成的營養不足，同時可以修補因為過勞、腎虛所造成的器官慢性衰竭，回復器官的正常功能，避免發炎失控。

3.多喝粉薑茶

粉薑茶可以快速補充腎上腺皮質醇的前驅物質，以恢復腎上腺功能，對於腎虛與過勞有立竿見影的效果，是給身體過勞者最好的飲品，但不能天天服用，必須間斷地喝，例如一週只喝兩、三天，如此比較不會造成蔘類吃太久而產生燥熱的副作用。請務必參看《過敏，原來可以根治！》第一〇六頁粉薑茶的作法，尤其千萬不要用煮的，而是用悶的才能發揮最大效果。

4.嚴守抗發炎飲食

過勞者最脆弱的就是心血管了，因此在飲食上一定要記得多吃好油、避開壞油（參見《吃錯了，當然會生病！》），避免血管有動脈粥狀硬化的可能，這樣就能預防突發的心臟病或是腦中風了。另外，日常飲食也要嚴格遵守先前提過的「食物四分法」（見第九十四頁），維持適當的生熟比例，降低身體發炎的可能性。

5.紓解壓力

先前提過，過勞的人往往身心處在高壓的狀態，所以要避免壓力累積，要定時找人傾訴心裡的苦悶，這個人可以是親朋好友，也可以是專業心理輔導人員。另外，音樂療法、適度運動、寵物療法、按摩療法、泡澡，都可以幫忙紓壓，就可以降低過勞的風險。

6. 運動

過勞的人平時可以多練習腹式呼吸、八段錦、太極拳等身心合一的和緩運動，幾個月之後就可以慢慢看出效果。至於有氧運動則要量力而為，必須控制在最大的心跳量六十五％以下，細節可參考《pH 7.2解開你的體質密碼》。

7. 實行三八策略

工作八小時、休閒八小時、睡眠八小時是最符合人體作息的時間安排，可是現代人因為種種因素，難以做到。但若真的不得以要超時工作的話，也務必記住，寧可減少休閒時間，也不要去壓縮該有的睡眠時間。

8. 避免毒素入侵

把可能進入體內的毒素降到最低，例如戒菸、戒酒、戒咖啡、少吃有農藥的蔬果、少吸入有機溶劑或汽車廢氣等等，都是減少毒素進入體內最基本的方法。另外，最好可以戒掉含糖飲料，以及動不動就吃西藥的習慣，這些都會造成毒素累積在體內，增加肝臟負擔，並在肝臟解毒過程產生過多自由基，促進身體發炎，進而損傷細胞與組織，影響全身健康。

女性不孕，當心生殖器官發炎了！

俗話說：「不孝有三，無後為大。」不孕，在現代的社會中相當普遍，平均每七對夫妻中就有一對不孕，因此這也成為不少東方已婚婦女的壓力來源，因為傳統觀念總是將不孕怪罪到女性身上。事實上，無論是根據人口統計或不孕症門診統計，男女造成不孕的比例幾乎是各占一半！而且，你知道嗎？造成女性不孕的原因主要發生在輸卵管和卵巢，也都和發炎有關。

什麼叫做不孕？

全世界的生育率都在下降，台灣的生育率又是全世界最低，平均每對夫妻只會生出〇．九個孩子。有人說，現在台灣年輕人不想生小孩，是因為養兒育女的費用太貴，或是注重自我享樂的頂客族（Double Income No Kids，簡稱 DINK）越來越多。其實，在如此的低生育率背後，有一個醫學上的傾向，代表的是有很多人深受不孕（Infertility）的困擾。

什麼叫做不孕呢？嚴格的定義是，結婚後維持正常的行房方式和頻率（頻率視國情各有不同），通常一年內會有八十四％的夫妻懷孕，兩年內有九十二％以上的夫妻懷孕，也就是說結婚兩年內，維持正常的行房和頻率下，仍然沒有懷孕，就會被列為不孕。

為什麼會不孕？我們可以從英國進行試管嬰兒的夫妻統計數據中發現，有一半的原因是來自於女性無法受孕，另一半則是男性的問題。根據英國的統計數字，不孕症的原因三十％來自於女性，三十％來自於男性，十％則是男女都有問題，二十五％是不知名的原因，五％是其他原因。不孕，對於現代男女來說，都是一個令人頭疼的問題。

女性不孕，先檢查輸卵管和卵巢！

男女的構造不同，不孕的原因也不一樣。要了解女性為什麼會不孕，首先要先了解受孕的過程。

卵子從卵巢成熟後，每個月或每個週期會排放出來；卵子從卵巢排放出來後，會被輸卵管吸入。被吸入的卵子如果在輸卵管遇到精子，就會形成受精卵，然後搬移到子宮著床，形成胚胎，慢慢形成胎兒，這就是受孕的過程。子宮，顧名思義就是孩子的宮殿，所以在正常的情況下，受精卵會在子宮著床。如果受精卵在輸卵管著床，則為子宮外孕，這是很危險的，因為輸卵管非常狹窄，胚胎慢慢長大，就會撐大輸卵管，如果撐破了，就會大量出血，要是不趕緊進手術房止血，就有生命危險。一般來說，醫生檢查女生不孕症，會檢查兩個部位：輸卵管和卵巢，看輸卵管通不通、卵巢有沒有排放卵子。

如果輸卵管不通或卵巢不排卵，常常是因為這兩個生殖器官已經慢性發炎了，例如子宮內膜異位、盆腔炎，以及多囊性卵巢症候群等疾病。因此，想要成功受孕，就必須先針對這些疾病治療，這才是根本的解決辦法。不要動不動就做人工受孕，因為人工受孕的準備期要常常注射很多人工荷爾蒙，我有很多病人到頭來不但沒有成功受孕，反而遭受了許多嚴重後遺症，這些都是求子心切的年輕女性，事先沒預料到的。

哪些會影響女性受孕？

女性除了器官上的病變之外，年齡、毒素、性病，以及大腦的下視丘等因素也會影響受孕。以下，我將逐一說明。

1. 年齡越大，懷孕越不易：從三十幾歲起，受孕率就開始降低了，一直到更年期停經後，就更不可能懷孕了。

2. 環境毒素影響大：抽菸是最明顯的例子，其他像是戴奧辛、壬基苯酚、多氯聯苯等環境毒素，以及進行化療後或是吸毒等，都會傷害身體，導致不孕。由於卵子是很敏感的，當有毒的東西進入身體時，就會影響受孕。

3. 性病問題要解決：在美國，性病氾濫，需要相當注意，因為性病不管對男性或女性，都會對生殖器官產生一些影響，同時也會導致不孕。所以，一定要接受醫生治療，才不會衍生更多的問題。

4.大腦的下視丘很重要：下視丘是大腦中的一個構造，如果發生問題將無法分泌促濾泡成熟素（簡稱 FSH）和黃體刺激素（Leutinizing Hormone，簡稱 LH）等荷爾蒙，也就不能刺激卵巢及子宮去分泌該有的荷爾蒙，這樣也會影響受孕。

5.停經年齡太早：現在有很多人四十出頭就停經，甚至我還遇過好幾位病人二、三十歲就停經，這都是表示身體太虛了。身體其實很聰明，如果體內很虛弱，就會選擇不要再排放經血，因為月經會把身體組織排放掉，是滿耗損體力的。臨床上，可以透過傳統所謂「滋補身體」的方式，讓太早停經的女性恢復月經，例如四物湯就是一個很簡單的方子。只要成功的調整體質後，就可以繼續排卵。

病源 原來是輸卵管和卵巢發炎了

輸卵管不通、發炎的常見疾病→子宮內膜異位、盆腔炎

有一種不孕的情形是，卵子雖然已經和精子相遇，但卻因為輸卵管不暢通或阻塞，讓受精卵無法到達子宮，以致於無法正常受孕。常見的輸卵管不通的疾病，主要就是子宮內膜異位和盆腔炎。

【子宮內膜異位】

顧名思義，就是子宮內膜不在它正常的位置上，而是出現在子宮以外的部位。

子宮的內膜有特殊的構造，每個月或每個週期內當受到荷爾蒙刺激時便會增生，如果未受孕就會崩落出血，從子宮順著陰道排出體外。萬一子宮以外的身體構造，也出現了這種特殊的子宮內膜組織的話，每個月就會受到荷爾蒙的刺激，產生不正常增生和不正常的崩落出血，那就非常麻煩了，因為無法被排出。

事實上，子宮內膜異位就是一種發炎現象，最常發生在卵巢和輸卵管，少數也會出現在腹膜、大腸和膀胱，甚至還有曾經出現在肺臟的情形。當子宮內膜發生在子宮以外的部位時，由於血塊變成瘀血囤積體內，無法順利排放出去，久而久之變成像巧克

子宮內膜異位示意圖

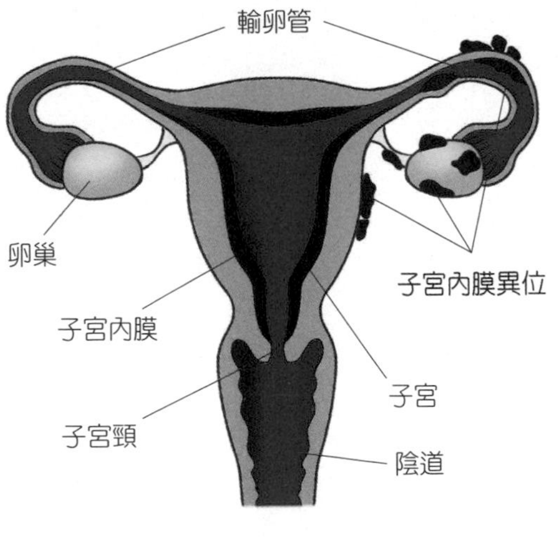

力一樣的黏滑濃稠膏狀，顏色也像巧克力，這就是子宮內膜異位俗稱「巧克力囊腫」的由來，雖然名字聽起來很浪漫，但其實是很不舒服的。萬一子宮內膜異位長在輸卵管裡，黏稠的「巧克力」就會堵塞輸卵管，進而影響受孕。

【骨盆腔內有黏液】

有一種特殊的情形是，輸卵管雖然沒有子宮內膜異位，但裡面有液體，可是醫院的儀器卻檢查不出來，這時候輸卵管就會看起來好像通暢，卻仍然不受孕，但其實這是因為裡面的液體沒有檢查出來。這種情形，中醫的說法是「氣滯血瘀」或是「痰飲」，中醫的講法比較抽象，但比較貼近實際的狀況。例如體內如果產生循環障礙或分泌過多黏液，這些在西醫裡面都可能檢查不出來，但中醫都可以從望聞問切看出端倪。舉一個一般人比較容易理解的例子，如果喝冰水導致呼吸道不順，或是氣管裡面稍微有痰，這些情況氣管並沒有阻塞，也算還通暢，但功能卻會受影響，把輸卵管想像成氣管，就比較容易理解。也就是說，從中醫來看，氣不順都可以算不通了，更不用說是瘀血了。

另外，氣虛者受皮肉外傷或開過刀之後，傷口在結疤時，皮膚組織有時會過度增生，形成蟹足腫（Keloid）的狀況。這樣增生的情形發生在皮膚上還好，頂多只是傷口不好看，但如果發生在骨盆腔的話，就容易導致不孕。萬一組織增生發生在輸卵管，情形就更為嚴重了，因為輸卵管裡面的空間本來就很窄，一旦組織增生就很容易堵塞。

【骨盆腔發炎】

骨盆腔（Pelvic Inflammatory Disease，簡稱 PID）內的任何器官發炎，也就是當輸卵管、卵巢、子宮、子宮頸和陰道發炎，都可叫做盆腔炎或骨盆腔發炎，這也是很普遍的現象，例如傳染病、性病、泌尿道感染等，都可能造成細菌進入骨盆腔，導致骨盆腔發炎。其實女性的骨盆腔很容易發炎，如果發生在輸卵管，會使卵子或受精卵無法到達子宮，當然就會導致不孕。

卵巢發炎常見疾病↓多囊性卵巢症候群

除了輸卵管的功能會影響受孕外，卵巢也是很重要的因素。如果卵子不成熟、卵巢不排卵或是庫存的卵子很少，每兩、三個月才排放一個卵子，雖然每個月都有月經來，但不是每個月都有排卵，以上這些情形都會導致不孕，都必須要做詳細的卵巢排卵測試。導致卵巢不排卵的成因中，最常見、也是最主要的就是多囊性卵巢症候群。

【多囊性卵巢症候群】

大約在四十年前，許多婦女看婦產科最常見的問題就是太容易懷孕，需要醫師給她們避孕藥物或方法。曾幾何時，現在許多婦女看婦產科卻是因為不孕，需要醫師給她們增加受孕的藥物或方法。大家有沒有想過，在農業社會的時代，為什麼很少有不孕的問題？因為那時候的家庭主婦除了料理三餐帶小孩，還要做農活，身體都很粗壯，吃的也都是粗食。但是，現在的上班族女性，平時坐辦公桌、吹冷氣，糕餅、點心、飲料不離口。尤其，我看過很多科技女性，更是臉色蒼白、弱不禁風，飲食精製成為常態，肚子一餓，動不動就會頭暈或脾氣失控，吃飽又會想睡覺，和鄉下的村婦，形成強烈對比。兩者的生育率，也是形成強烈對比，有沒有人仔細思考原因在哪裡？

事實上，多囊性卵巢症候群（Polycystic Ovarian Syndrome，簡稱 PCOS）的成因和精製飲食和缺乏運動大有關係。現代女性約五至十%有多囊性卵巢症候群，是相當普遍的疾病，只不過症狀不明顯，大多數女性都不曉得自己患了此病。仔細觀察會發現，這些病人多半會因為體內雄性激素（睪固酮）分泌旺盛，導致體毛過多、長鬍子，另外還有月經不容易來、血糖不穩定等症狀。以下，我就來說明不孕和飲食、運動的關係。

1. 吃大量精製澱粉：為什麼我會說多囊性卵巢症候群和現代人食用大量的精製澱粉有關呢？因為吃了過多的米飯、麵包等精製澱粉，如果沒有透過運動來消耗，就會轉成小腹和腰部的脂肪。而長在小腹和腰部的脂肪，是最不好的脂肪，因為對胰島素不敏感，醫學上稱為「胰島素抗性」。

一般說來，吃進人體的澱粉，會轉換成葡萄糖在血液中運送，血液中的葡萄糖會藉由胰島素送至全身細胞。由於全身以腹部細胞對胰島素阻抗最明顯，使得葡萄糖無法順利進入腹部細胞，身體就分泌更多的胰島素，設法幫助葡萄糖送進腹部細胞，如此胰島

女性不孕，就是生殖器官發炎了！

現在女性因為飲食精製、運動量較少，
很容易讓生殖器官發炎，
最後就會導致不孕！

精製澱粉吃太多、運動量缺乏

←脂肪囤積在腹部

←腹部脂肪對胰島素不敏感
（稱為胰島素抗性）

←為了有效降低血糖，胰臟只好
製造更多胰島素

←過多胰島素刺激卵巢分泌睪固酮

←睪固酮增多使卵子不易排出

←演變成多囊性卵巢症候群

←造成不孕

多囊性卵巢症候群示意圖

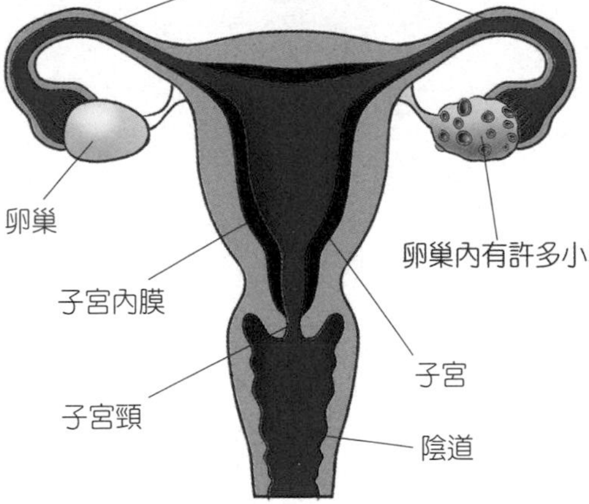

素就會大量分泌，長期下來，胰臟的闌氏小島就會疲乏，疲乏的闌氏小島就不能夠分泌足夠的胰島素，因此血糖就會逐漸升高，最後形成糖尿病。

雖然多囊性卵巢症候群的人還沒有到糖尿病的階段，飯後血糖也在正常值裡面，但是，多囊性卵巢症候群的人卻會因為胰島素抗性，導致分泌大量胰島素，而大量的胰島素會刺激卵巢分泌過量的睪固酮，當卵巢的睪固酮過高時，會抑制卵子排出，就會演變成卵巢不排卵，這就是多囊性卵巢症候群的患者不能夠順利受孕的主因。

2. 缺乏運動：當身體在做大肌肉收縮的運動時，會打開肌肉細胞的細胞膜，讓血糖容易進入，因此身體不必分泌大量胰島素來做同樣的工作（把血糖送入細胞）。也就是說，大肌肉收縮可以降低胰島素抗性、減少胰島素分泌、穩定血糖，使人不容易得多囊性卵巢症候群或糖尿病。很可惜，現代人的運動量普遍缺乏，導致血糖控制不佳。

總之，現在女性因為飲食精製、運動量較少，導致血糖不穩，在還沒到達糖尿病的階段，就直接先形成多囊性卵巢症候群，絕大多數的民眾甚至醫學專家，都還不清楚這個來龍去脈，所以血糖失控的現象越來越普遍，甚至很多人身受其害。其實，如果搞清楚了，就很容易治療。要附帶說明的是，血糖不穩定並不一定會變成糖尿病，我估計生活在都市的成年人將近一半有血糖不穩定的現象，而目前的糖尿病人口大概占所有成年人的八％到十％。

【子宮內膜發炎的自然療法】

子宮內膜異位可視為一種發炎，與飲食有密切關係，因此自然醫學在治療子宮內膜異位的時候，首先會從調整吃進嘴巴的食物開始，另外也有一些專業處方。

1. 飲食建議

（1）嚴格禁食乳製品：不管是乳酪、起司、牛奶及任何含乳製品的產品，甚至是含乳酪、牛奶的麵包與披薩等，全部都要嚴格禁止。臨床上發現，很多東方人到美國留學後，由於大量食用乳製品，容易發生子宮內膜異位。

（2）少吃動物性脂肪：動物性脂肪含有雌激素，例如肉品、牛奶等都是容易儲存雌激素的食物。現代畜牧業為了提升產值，可能會施打人工激素或是把人工激素添加在飼料當中，這些人工激素（人造荷爾蒙）會留在動物體內，女生把這些肉類和脂肪吃下肚子後，會變成體內含有過多的雌激素，以致於刺激身體構造（通常是第二性徵的部位）不正常的增生，這些女性的第二性徵器官——卵巢、子宮，甚至乳房就會亂長東西。

荷爾蒙容易囤積在脂肪裡面，難道因此都不要吃脂肪嗎？人體是需要脂肪的，攝取不足也會出問題，因此我建議少吃動物性脂肪，多吃植物性脂肪，例如苦茶油、椰子油和橄欖油等這類冷壓的油脂，比較不會有人工激素的問題。

（3）補充天然營養素：子宮內膜異位算是一種發炎，因此需要補充足夠的維生素C、綜合維生素及B群。其中，維生素C最重要，一定要大量補充，甚至還可以吃到身體能忍受的最大劑量，也就是會拉肚子的劑量。健康人一天只要一至二公克的維生素C就足夠，若子宮內膜異位或身體發炎時，可以吃到六到十公克，才能夠抗發炎。

（4）多吃蔬菜水果：蔬果含有豐富的維生素、礦物質和纖維，平日就該多攝取，但要吃有機蔬果，絕對不要吃含有農藥的，因為很多農藥或環境污染物的分子構造類似人工激素，也會導致子宮內膜不正常增生。我有一位吃素的病人也罹患子宮內膜異位，就是農藥和環境污染物所造成。同時，膳食纖維會抓取腸道內的毒素，甚至人工激素，從糞便中排出。所以，提高飲食中的膳食纖維量，對子宮內膜異位也是相當重要。

（5）補充腸益菌：讓消化道好一些，菌叢平衡，排便順暢，也是治療子宮內膜的重要方法之一。因為我臨床上發現，當腸胃道功能好，卵巢、輸卵管、子宮的功能和構造都會跟著變好。

2.自然醫學專業處方

（1）蔓荊子：蔓荊子（Chasteberry, Vitex agnus-castus）是歐美自然醫學婦科常用的草藥，做成酊劑滴到嘴巴，會刺激大腦的下視丘分泌黃體刺激素，使卵巢的黃體產生助孕激素（助孕激素中文翻譯也稱為黃體素）去抑制雌激素，讓子宮內膜異位不易增生出血，對身體具有保護性。中藥也有蔓荊子，但中醫很少用，即使用也是用來處理急性的問題，例如感冒。但是自然醫學使用蔓荊子需要三到六個月的治療期，才能看出效果。兩者使用方法不同，所以能夠治療的疾病也就不一樣，這是由於同一種藥用植物，在不同文化發展之下，所演變出來的不同使用方法與適應症。

（2）特爾斯卡配方：特爾斯卡配方（Turska's Formula）是一種老自然醫學醫師治療癌症的特殊配方，裡面含有四種歐美草藥（Aconite、Gelsemium、Bryonia、Phytolacca），通常製成酊劑來使用。從藥理學角度來看，癌症增生與子宮內膜異位增生所使用的藥物是相似的。由於特爾斯卡配方裡面的歐美草藥略具毒性，不能隨便使用，需要由歐美正統的自然醫學醫師開立才拿得到，治療方式是一天三次、每次服用五滴。

（3）天然的荷爾蒙療法：自然醫學療法中，治療子宮內膜異位最簡便的治療方法，就是使用天然的女性荷爾蒙，女性荷爾蒙主要分為雌激素和助孕激素兩大類，補充雌激素通常比較會有副作用，最為人詬病的就是容易產生乳癌、心臟病、中風等等，因此臨床上自然醫學醫師比較常用助孕激素，助孕激素對身體比較有保護性的效果。

一般西醫使用的荷爾蒙是人工合成的，但自然醫學醫師比較喜歡使用天然荷爾蒙，例如直接從豬或馬身上取得，或是從植物中提取，轉換成跟人體一模一樣的荷爾蒙。身體對於天然的荷爾蒙接受度高，效果會比較好，例如天然的甲狀腺素和天然的助孕激素，在臨床上我都看到不錯的效果。

天然的助孕激素可以做成像牙膏，大約五十六公克的條狀乳膏，在月經來潮第十天到二十八天時，塗抹在脖子、肚子或手腕等比較細皮嫩肉的部位，經由皮下吸收。如果嫌麻煩的話，也可用吞膠囊的方式，大約一天劑量是五十到二百毫克，服用時間一樣是月經來潮第十天到二十八天。不管是塗抹或吞服，症狀比較輕微的，可以在第十五天到第二十八天使用。

【盆腔炎的自然療法】

盆腔炎的症狀是下腹部疼痛、腰痠背痛、月經過後勞累、行房後疼痛加劇、月經失調、白帶或身體發熱等症狀。盆腔炎的意思是骨盆腔裡面的器官在發炎，由於盆腔炎涵蓋範圍非常廣泛，必須要找到發炎的器官，才能對症下藥。不過，這些婦女器官如果發炎，用西醫消炎止痛的方法，其實效果有限，如果用中醫的湯藥來治療的話，就有比較好的效果，而且副作用較少。我建議有盆腔炎的人可以走中醫路線，讓中醫先診斷你的體質和症狀到底屬於濕、熱，還是虛、寒，然後再以喝湯藥的方式來治療。

「慢盆湯」是治療盆腔炎很常用的處方，包括赤芍、川芎、五靈脂、蒲黃、元胡、紅藤、敗醬草、蒲公英、烏藥、川楝子、甘草、半枝蓮、土茯苓。慢盆湯可以說是中藥最難吃的一個方子，因為裡面有五靈脂，很多人不知道五靈脂是什麼，其實就是複齒梧鼠的大便，這種梧鼠會滑翔，平時常吃松子或松葉，牠的糞便因此有活血化瘀的作用。

如果真的很難入口，可以請中醫師把五靈脂、蒲黃這兩味最難吃的藥材拿掉，調一個味道比較好、但效果弱的藥方，然後再加上抗氧化營養品，和避開壞油只吃好油，例如大量維生素C加生物類黃酮，以及只用耐高溫的苦茶油烹飪等，這樣治療的效果也還不錯。如果在美國，可以找自然醫學醫師進一步看診，效果會再加乘。

【多囊性卵巢症候群的自然療法】

由於多囊性卵巢症候群和胰島素、血糖密切相關，因此可以採用自然醫學治療糖尿病的方法，也就是從飲食和運動著手。飲食和運動是治療糖尿病最有效的方法，但我所謂的飲食和運動，和一般西醫糖尿病衛教的飲食和運動，有相當程度的不同。

1.改善飲食比例

必須要熟記每種食物的升糖指數，盡量避開高升糖指數的食物，例如糕餅、麵包、白飯等精製碳水化合物，而改吃低升糖指數的食物，例如蔬菜、粗食、好油、優質蛋白質食物等等，詳見《吃錯了，當然會生病！》第一八八頁。另外，務必落實「食物四分法」（見第九十四頁），但糖尿病和多囊性卵巢症候群患者，我建議澱粉攝取要控制在八分之一左右，並吃大量的蔬菜、水果、好油及優質蛋白質，讓血糖穩定。

2.規律運動

每天進行大動作、大肌肉收縮的運動三小時以上，例如健走、慢跑、爬山、游泳。以前的人為什麼不容易得糖尿病，除了飲食比較粗糙之外，每天都有大肌肉收縮的運動，例如種菜、耕田、走路、捕魚、狩獵，這都是關鍵。很多人其實不曉得，不孕和血糖有關連，現代女性不孕除了與發炎有關之外，有很大比例是血糖不穩所造成的，如果使用糖尿病療法，也就是調整飲食，提高運動量，把血糖控制好，就能有效的治療多囊性卵巢症候群，提高受孕的機率。

陳博士小講堂

許多婦科疾病也會造成不孕

影響女性不孕的原因，還包括卵巢長腫瘤、子宮曾經開過刀、子宮肌瘤很大、子宮變形等都會影響受孕。另外，如果先天性子宮頸狹窄，會讓精子無法通過；或是身體對精子產生抗體，讓精子未到輸卵管就被殺死。以上提到的這些狀況，只能使用體外受精、人工受孕的方式來進行試管嬰兒。至於，陰道太過敏感，一接觸就會痙攣，連鉛筆大小的東西都無法進入而導致無法行房，當然也會造成不孕，但可經由訓練改善。

男性不孕，從抗發炎的角度處理就對了！

有部電影叫做「當哈利遇上莎莉」，描述男女之間的相遇和結合並不容易，其實精子和卵子也是如此。每個新生命都是由精子和卵子結合而誕生，都是非常珍貴難得，途中要經過層層障礙，最後能夠到達終點，都是億中選一的佼佼者。根據統計數字來看，造成不孕的原因是男女各半，所以並不能只怪女性或男性，必須客觀查證。男性不孕最常見的原因是精子品質不好，而精子品質日益下降的原因，除了環境毒素之外，還有一個最常被忽略的問題，那就是睪丸的靜脈曲張。

想做人成功，精子要碰得到卵子

眾所皆知，精子要跑進卵子裡才會形成受精卵，但這段路途非常遙遠。

精子從被製造開始，到出發前往和卵子結合的旅程，得經過重重關卡，包括男性的睪丸要先製造優質精子，精子被送到副睪儲存，之後經由輸精管到儲精囊的管腺中與精液的其他成分會合，再經過前列腺、尿道，送出至女性的陰道中，然後在輸卵管遇見從卵巢慢慢移動出來的卵子，最後就如同沖天炮一樣往前衝，只有跑第一名的精子才有機會和卵子結合。也就是說，每個生命都是第一名，都是最好的、都是千萬中選一的，所以說生命何其珍貴，每個人都是最優秀的！

男性不孕，睪丸靜脈曲張是常被忽略的原因

現代男性不孕的原因，是因為精子品質不好、數量不足，甚至沒有精子，但是為什麼精子品質不好或數量會不夠呢？除了我在《吃錯了，當然會生病！》第一一四頁所提到的環境毒素因素，造成精子數目急遽下降之外，另一個原因就是因為睪丸靜脈曲張，比較精確的醫學名稱是精索靜脈曲張。這是一個很常見、但又卻常被忽略的男性問題，因為造成的原因是久坐久站和飲食中抗氧化劑缺乏，而這兩者都是現代上班族的通病。

雖然嚴格來說，靜脈曲張並不是發炎，但卻是因為抗氧化劑缺乏導致的結締組織脆弱所引起，和抗氧化劑缺乏會導致身體容易發炎的成因幾乎一樣，所以我們可以和其他發炎疾病一併來看待與討論。

精索靜脈曲張有多麼普遍呢？台灣的新兵體檢，發現大約十％至十五％的年輕男性有這個問題。臨床上，五十到八十％的精索靜脈曲張患者精液檢查都是不正常的，而且會有睪丸局部痠脹、墜痛、有沉重感，嚴重的還會有間歇性疼痛，疼痛感還會放射至小腹和大腿內側及腰部，尤其行走或勞動過後，症狀會再加重。

睪丸是製造精子的地方，動脈會把新鮮的血液、養分和氧氣帶進來，靜脈則會把細胞的代謝廢物和二氧化碳帶出去。如果睪丸的精索有靜脈曲張的現象，要從靜脈中回流到心臟的血液受到瓣膜的阻擋，會使得睪丸中的廢物與髒血排不出去，也會造成溫度上升，損害精子品質，導致精子數量減少，甚至睪丸萎縮，因而造成不孕。正常情況下，睪丸溫度應該都要比體溫低，精索靜脈曲張會導致睪丸溫度上升。

陰囊裡面的靜脈，正常直徑約〇．五至一．五公釐，若是大於二公釐就是靜脈曲張。擴張的靜脈初期是紫色的、細細的、彎曲曲的小血管，然後隨著病情加重，就會膨脹得越大像蚯蚓一樣。九十五%的精索靜脈曲張都發生在左側睪丸，很多人無法理解，其實如果了解人體解剖構造，就會發現左側睪丸的靜脈與腎臟靜脈相連結，而且成一個直角，所以當腎臟發生病變時，會阻擋來自睪丸的靜脈血液回流，使得血液回流至陰囊。反觀右側的睪丸靜脈，回流到下腔靜脈，所以和腎臟比較無關，而和肝臟比較有關，因為下腔靜脈和肝靜脈交接會合。人體的構造很奧妙，並不是完全對稱的，就像心臟只有一顆，但它不在中間，而是偏左邊，為什麼要如此設計，那就是造物者的智慧了！

因此，左側陰囊比較有靜脈回流的問題，發生靜脈曲張的機率比右側陰囊大得多。如果兩側或只有右側睪丸靜脈曲張，就比較不尋常，也嚴重很多，有可能是肝硬化、肝癌或下腹腔腫瘤所引起，要更加小心，趕緊就醫。

會不會受孕，有四大關鍵

了解男性不孕的重要成因是睪丸靜脈曲張之後，接下來我們要回過頭來，探討一下所謂的高品質精子要具備什麼樣的條件。每一位成年男性，隨時都在製造精子，而且儲存很多精子在副睪（不是在睪丸或儲精囊，很多人都誤解了）。我常開玩笑地說，每位男性都是億萬富豪，因為隨時都有好幾億在身上，但這好幾億不是鈔票而是精子。

成年男性隨時都在製造精子，該分泌精液的時候，也要足量。優質的精子和精液容易使女性受孕，反之，就可能不孕。有不孕症的夫婦去看不孕門診，醫生都會檢查女性的卵巢和輸卵管，而男性就是要看精液和睪丸了。以下，我就從「精液分析」（Semen Analysis）的四大關鍵來逐一分析，讓大家了解男性使女性受孕的基本條件。

關鍵一：精子的總量要夠多

男性進行不孕症的檢查時，一定會檢查每次射出的精液有多少，裡面的精子有多少隻（如何取得新鮮樣本，請發揮想像空間）。目前世界衛生組織（WHO）的定義是，男性每次射出的精液容量最低標準為一．五C. C.，精子約〇．三九億個，其實這個標準一直在降低，因為現代人的精液和精子的「質」與「量」持續不斷在衰退。如果每次射出的精液低於標準，很有可能是精囊堵塞。

世界衛生組織公布的精子濃度受孕標準從一九四〇年的每一C. C.有一．一三億隻，直到幾年前已經降到每一C.C.有〇・二億隻，而最新的二〇一〇年受孕標準更降到每一C.C.有〇・一五億隻。據統計，男性的平均精子濃度每年以一到二％的速率下降，而現在西方國家平均值已降到一C.C.只有〇・六億隻，五十年來下降了一半以上。

為什麼會這樣呢？我在《吃錯了，當然會生病！》第一一四頁中很清楚說明人類精子數目下降的原因，這是我所謂「一代不如一代」最客觀的寫照。精子是全身細胞中最敏感又脆弱的，碰到環境毒素、農藥、藥物、放射線、人造食品添加劑等物質，就會受傷，甚至死掉。二〇〇三年哈佛大學的《流行病學雜誌》也指出，這些外來毒素進入體內後，常會以自由基的方式去破壞精子，自由基一旦接觸到精子的細胞膜，就會破壞精子，所以要維持精子的數量，抗氧化劑（維生素C、A、E和礦物質鋅等）及肝臟排毒非常重要。

關鍵二：精子的品質要好

精液分析除了看精子數量之外，也要重視精子的品質，這就要從精子的形狀和活動力兩方面來評估。

●**形狀**：健康的精子很像一隻頭大大、尾巴很長的小蝌蚪，活動力相當旺盛，動個不停。如果有一些精子尾巴太短、沒有尾巴，或出現兩條尾巴、兩個頭，甚至頭太大或頭太小，都是不健康的精子。正常男性的精子，多多少少都會有一些發育異常或受損的，但比例不能太高。根據世界衛生組織在一九八九年定義的受孕標準，在精液當中，正常形狀的精子至少要占總數的三〇％以上；二〇一〇年調整為十五％；也就是說，正常形狀的精子如果占總數十五％以下，即有可能不孕。

●**活動力**：精子活動力很重要。透過顯微鏡觀察，可將精子的活動量分成四個等級。第一至第三等級無法與卵子結合，只有像飆車族一樣高速往前衝的第四級才是健康的精子，參見「精子活動力等級一覽表」。

關鍵三：精液成分要完美

精液的成分中，只有十％是精子，其餘為果糖、維生素C、白血球、酵素、礦物質鋅、鈉、檸檬酸、蛋白質、鈣及水分等。其中，高濃度的礦物質鋅，造就了精液獨特金屬味。我們來認識幾個重要的成分。

●**白血球**：精液中含有少量的白血球，可避免受到細菌的破壞。但是，太多白血球也不行。當一C.C.精液中白血球高於一百萬時，表示生殖器有細菌感染，可能是前列腺、儲精囊或睪丸發炎。

精子活動力等級一覽表

精子等級	活動力表現
第四級	品質最健康，就像直線飆車的小蝌蚪，好像賽車、噴射機一樣，衝很快。
第三級	S 型路線的蛇行高手，這是因為有些缺陷造成 S 型前進，會比較浪費時間和精力，競爭力就比不上第四級精子。
第二級	很賣力地努力游動，但是一直在原地踏步。
第一級	靜止不動，嚴重損害，可能翹辮子了。

●**果糖：**全身細胞幾乎都用葡萄糖燃燒，尤其是大腦細胞幾乎只用葡萄糖，但精液卻含有許多果糖。這是因為精子尾巴的動力來源不是葡萄糖，而是果糖，這是非常奇特的現象。

●**維生素C：**維生素C有抗氧化的功能，可以中和自由基，保護細胞膜，避免細胞受傷害，是身體內最常用的抗氧化劑。如果精液裡面配備高濃度維生素C，就可以保護精子免於受毒素的傷害。

●**鋅：**礦物質鋅不但對人體的免疫系統和黏膜完整很重要，而且鋅在男性生殖器官中，以高濃度、高密度的方式存在，例如前列腺液的鋅濃度是其他體液的十倍，在精液裡面更是如此，所以鋅對男性的生殖功能來說，極為重要。若鋅缺乏，生殖器官的功能會產生不足的現象，例如陽痿不舉、前列腺增生或發炎、精子衰退、精液異常等等。

關鍵四：液化時間不快也不慢

精液在射出體外的瞬間，會從液狀變成果凍狀，之後就會啟動前列腺特異抗體（Prostate-Specific Antigen，簡稱 PSA），這是一種蛋白酵素，會把精液從果凍狀態慢慢轉化為液態，這段狀態轉化的時間叫做液化時間。正常約十五至二十分鐘就會液化完畢，太快或太慢都有問題。

精液為什麼瞬間變成果凍狀，隨後又慢慢液化呢？這又是一項巧妙的設計。精液射出體外瞬間變為果凍狀，是為了讓精子聚集在陰道裡面；而精液隨後液化，則是為了讓精子游出來，往輸卵管快速前進，與卵子相遇，所以這也就是為什麼液化時間太快或太慢也會不易受孕的原因。

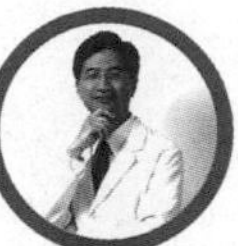

陳博士小講堂

為什麼精子要用果糖？

醫學研究已發現，全身細胞的粒線體中，只有精子細胞的粒線體含有能分解代謝果糖的六碳糖激酶（Hexokinase），它可以把果糖轉成果糖－六－磷酸（Fructose-6-phosphate），進入檸檬酸循環（TCA cycle）變成二氧化碳及水。所以，全身細胞幾乎只有精子才有辦法燃燒果糖，而且燃燒得非常有效率，讓精子尾巴動得非常快，可以像噴射機一樣，快速衝向卵子。

為什麼精子要使用果糖燃燒產生動力，而不像其他細胞使用葡萄糖？這是因為果糖是很強的燃料，讓精子可以快速燃燒產生高倍能量。另外一個重要的原因是，細菌和念珠菌愛吃葡萄糖，女性陰道中常有少量的念珠菌常駐其中，或是常含有其他細菌，如果精液使用葡萄糖做為動力來源，就容易使念珠菌滋生，甚至造成細菌感染。這又是大自然非常巧妙安排的另一實例。

病源　維生素C不足→造成瓣膜受損→精索靜脈曲張→男性不孕

身體的循環系統利用心臟的壓縮，將血液從大動脈送進小動脈，再送到微血管，血液到了微血管，就不是靠心臟的力量繼續往前，而是靠肌肉收縮，把血液從小靜脈送到大靜脈，最後再回到心臟。肌肉收縮時，該如何確保這些血液會往前走而不回流呢？這就必須借助靜脈裡面的瓣膜了。

因此，當瓣膜出現缺損時，血液就沒辦法有效率的回到心臟，於是會滯留在靜脈，讓靜脈血管膨脹起來，很像蛔蟲盤繞的樣子，就是大家所熟知的靜脈曲張。瓣膜缺損會導致靜脈曲張，那又是什麼原因造成瓣膜缺損呢？肇因於結締組織脆弱的緣故。

大家已經知道，維生素C是強化結締組織最重要的成分，可是人體並無法自行合成維生素C，如果飲食中的維生素C攝取不夠時，結締組織就會變得脆弱，瓣膜容易受損，當然就會造成靜脈曲張，這種狀況最常發生於男性的睪丸，以及女性的大腿後側。如果男性有睪丸靜脈曲張或發炎，那就需要大量補充維生素C來逆轉，以免造成不孕。

睪丸精索靜脈曲張示意圖

許多年輕男性婚後不孕，睪丸靜脈曲張是常見原因，但追根究柢就是吃錯了，以及不良生活習慣造成。

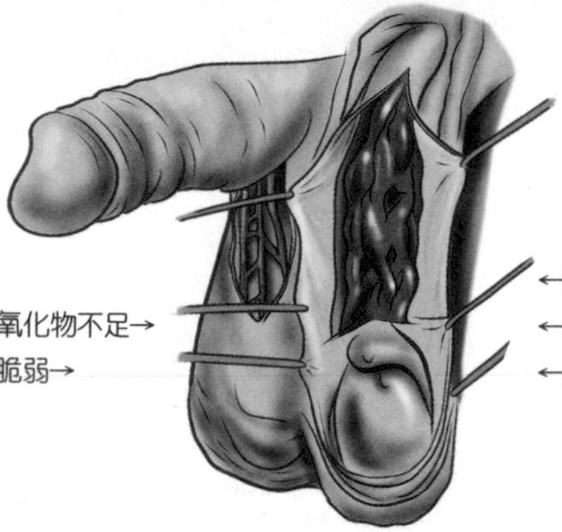

陰囊裡面，擴張的靜脈初期是紫色的、細細的、彎曲曲的小血管，然後隨著病情加重，就會膨脹得越大像蚯蚓一樣。

靜脈中的瓣膜示意圖

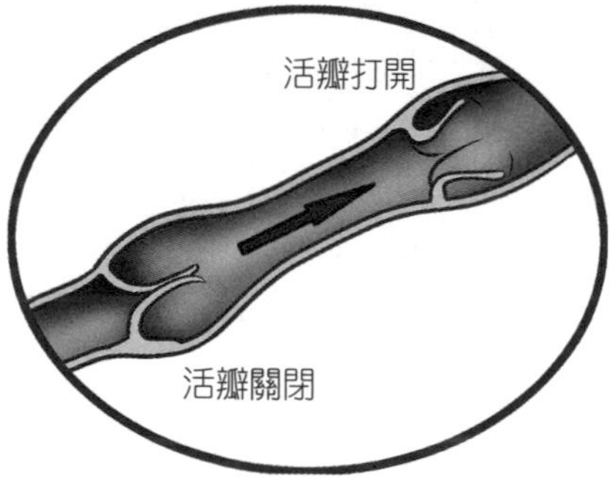

血液返回心臟途中，為了防止血液逆流，靜脈中有「活瓣」，可以避免血液逆流。因此，當靜脈瓣膜出現缺損時，血液就沒辦法有效率的回到心臟，於是就會滯留在靜脈，讓靜脈膨脹起來，就形成了靜脈曲張。

給男性不孕的自然醫學處方

睪丸靜脈曲張或內生殖器官發炎就容易導致不孕，建議要避免久站久坐、養成穿寬鬆褲子的習慣，而且要補充大量的維生素C。

1.日常穿著

我不鼓勵男性穿三角內褲，也不鼓勵穿緊身牛仔褲，如果穿三角褲加緊身牛仔褲那就更不好，整個睪丸被包覆起來，貼近體表，溫度會升高，精子品質較差，另外血液回流也容易受阻，導致靜脈曲張，這兩個問題都可能導致不孕。我比較推薦穿四角內褲，而且外褲不要太緊縮，記得在軍中服役時，內褲都是四角形的，這不是沒道理的。

2.自然療法

服用大量的維生素C除了可以強化結締組織，以逆轉靜脈曲張，也可以緩解其他男性生殖器官的發炎，例如慢性前列腺炎及儲精囊發炎，也可以提高精液的品質。總之，維生素C對男性的好處多多，和鋅一樣，號稱對男性而言最重要的營養素。建議劑量每天維生素C三至六公克，等症狀緩解之後，再酌量遞減至每天一至二公克。

3.西醫外科

在陰囊切一個小孔，將擴張的靜脈結紮，阻止血液迴流。不過，這麼做是治標不治本，因為靜脈擴張的原因沒根除，下次一定會再復發，然後又要再挨一刀，如此反覆，沒完沒了。

陳博士小講堂

睪丸靜脈曲張的檢查方法

●醫生檢查

在台灣服過兵役的人都有一個很不自在的經驗，就是新兵體檢時，大家脫光光、只穿一條內褲排隊，輪到時要脫下內褲，醫官就會用手去擠弄新兵的陰囊，檢查裡面的睪丸與副睪。很多新兵都搞不清楚為什麼要做這種檢查，醫官也不會事先告知，其實就是要檢查新兵有沒有睪丸？有沒有精索靜脈曲張？根據統計，台灣新兵體檢中，十到十五％的人罹患精索靜脈曲張。

●自我檢查

自己站在房間或浴室裡，將褲子脫下，放鬆，讓雙睪自然下垂。睪丸下垂是正常，除非天氣很冷或驚嚇才會縮回去。接著，你用力的深吸一口氣，然後憋氣，將氣用力的向下腹擠壓，有點像憋氣排便的感覺，如果陰囊皮膚出現蚯蚓狀的靜脈，那就是精索靜脈曲張了。

抗發炎Q&A

針對大家的疑問，陳博士一一解答

這本書發行五年以來，受到很大的迴響，大家慢慢清楚原來大部分的慢性病，都是由發炎失控開始，也知道錯誤的飲食和作息，是導致生病的重要原因。以下收集這幾年來，我在演講場合或網路留言上常被問到的問題，供大家參考。

Q1 很多生機達人都說，不要吃營養品，因為那是人工合成的，為了健康，我們只能從食物中攝取營養，陳博士你的看法如何？

A 我們當然要盡量從食物中攝取營養，但很多食物由於化肥和養殖問題而營養素不足，而且有些疾病需要大劑量的營養，此時就有額外補充高單位營養素的必要。但請記得，一定要補充天然營養素，例如很多市面上的維生素B群和E，是人工合成的，那就千萬不要服用。

Q2 每天服用維生素C的時間，是早上好，還是晚上好？

A 理論上，維生素C是白天服用比較好，因為會提振精神。但實際上，如果晚上服用不會影響睡眠，我也建議睡前服用，可以在睡夢中修補受損組織。如果過多維生素C排放到膀胱，也可保護膀胱在睡夢中不受尿液中毒素的傷害。

Q3 大劑量維生素C可以治療哪些疾病？

A 在歐美，大劑量維生素C常用於癌症、敗血病、嚴重感染，有很多成功案例，例如紐西蘭有一位因豬流感病危的農夫亞倫史密斯，經大劑量維生素C搶救回來，此案例極為轟動。口服維生素C大約一天二十克就會超過腸胃吸收的極限，若是腸胃有障礙，或是因病情需要五十克甚至一百克的劑量，就必須由醫護人員用點滴注射的方式進行。

Q4 很多醫師都警告病人，吃抗凝血劑的時候，不要吃魚油或納豆激酶，否則會產生出血不止的副作用，這是真的嗎？

A 沒錯，抗凝血劑、魚油、納豆激酶，都有溶血栓的功效，所以重疊服用，就容易出血不止。從自然醫學的角度，此時應該透過醫師的督導，慢慢減少抗血藥劑的使用，用天然的營養品來達到抗凝血的目的。魚油和納豆激酶是天然食物，吃再多也不會有副作用，出血的副作用是由抗凝血藥劑所造成。

Q5 黑心油氾濫，要如何自保？

A 二〇一三年到二〇一四年，台灣連續爆發多起假油和黑心油事件，導致人心惶惶。其實，回鍋油和餿水油在華人社會中，一直都存在，由於黑心油裡面的自由基和裂解物質對人體會造成廣泛的傷害，例如過敏、自體免疫、癌症、心血管疾病、內臟腫塊……等等，所以一般人除了要慎選油品之外，更要常常補充抗氧化劑，例如大量食用新鮮蔬果和補充維生素C，來保護細胞和臟器不受黑心油的傷害。

Q6 如何快速緩解鼻子過敏？

A 把臥房徹底打掃，徹底清除塵蟎、黴菌、甲醛、花粉、蟑螂屍體或老鼠屎，並進行慢性食物過敏原抽血檢測，避開食物過敏原。然後再不定時口含酌量的維生素C粉末和玫瑰花瓣萃取物，也可因體質需要補充麩醯胺酸、腸益菌和魚油，如此一來，鼻癢、流鼻水、鼻塞就會漸漸緩解。不過，如果以前曾服用類固醇藥物，整個過敏緩解療程就會拉長許多，所以要很有耐心。

Q7 為什麼清水斷食，是對抗發炎疾病最快速有效的方法？

A 身體在斷食時，會啟動危機反應，把浪費細胞資源的發炎反應自動消除。很多皮膚過敏、鼻子過敏、類風濕性關節炎等發炎病人，在斷食三天後症狀大幅消退，就是因為這個機制，如果復食之後，避開過敏原和毒素，就可避免症狀復發。身體累積毒素過多，也可使用清水斷食，來達到快速排毒的效果。

Q8 如果不得已要熬夜加班或K書，要如何保持身體不生病？

A 當學生難免要熬夜，或是上班族偶而要趕工，要懂得每天補充維生素C六克，如此就可保持免疫系統和血管彈性在最佳狀態，也可源源不絕促進腎上腺荷爾蒙的形成，才不會在長期熬夜之後累垮而生病。

Q9 小孩常常感冒，如何預防？

A 常吃甜食、睡眠不足、維生素C攝取不足，是造成小兒感冒最常見的原因。如果平時可以避開甜食和飲料，每天睡足八小時，每天補充一至二克的維生素C，就不容易感冒。一旦感冒，每隔一兩個小時補充〇・一至一克的維生素C，最好加一些紫椎花萃取，感冒很快就會痊癒。另外，常吃感冒藥也會造成免疫系統受干擾，而常常感冒，所以還是用天然方法治療感冒比較好。

Q10 喝水在抗發炎和身體修復上，有何幫助？

A 身體絕大部分的生化反應，都必須在水溶液中進行，所以當體內水分充分時，身體的運作和修復就很有效率，反之，喝水不足，除了身體疲倦、體味較重、容易發炎之外，疾病的痊癒也較慢。幸運的話，如果可以喝抗氧化水，還有抗發炎的效果，一舉兩得。

Q11 眼睛的許多毛病，怎麼用天然方法治療？

A 乾眼症、飛蚊症、過敏性結膜炎、視網膜病變、黃斑部病變、輕微青光眼、輕微白內障，都可以服用葉黃素和維生素C獲得改善，輕微的甚至可以在一個月內逆轉而恢復正常。劑量是前者每天三十毫克，後者每天三至六克，我建議最好是粉末形式，用水沖泡服用。維生素C在此的作用除了當抗氧化劑之外，還可保護葉黃素不受自由基破壞。

Q12 有些專家說，常吃隔夜菜會導致癌症，這是真的嗎？

A 葉菜類若當天吃不完，放入冰箱，細菌會將蔬菜裡的「硝酸鹽」分解成「亞硝酸鹽」，如果遇到肉類裡面的「胺類」，就會在體內形成有致癌性的「亞硝胺」。怎麼辦呢？很簡單，解決的辦法有二：第一，少吃隔夜菜。第二，補充維生素C。因為體內若有足量的維生素C，可以使「亞硝酸鹽」迅速在胃中分解，而阻止致癌物「亞硝胺」的產生。

Q13 要做哪些運動可以抗發炎？

A 每天十五分鐘的身心運動（八段錦、太極拳）是最佳的入門抗發炎運動，等到身體的體能提升之後，在安全的範圍內，進行肌肉訓練，如此可進一步達到消炎、止痛、穩定血糖、降血脂、降血壓的效果。

發炎，並不是件壞事
但發炎失控，就是百病之源

作　　者：陳俊旭
插　　圖：陳志偉
美術設計：陳瑀聲

總 編 輯：蔡幼華
主　　編：黃信瑜（責任編輯）
社　　長：洪美華

出　　版：新自然主義
　　　　　幸福綠光股份有限公司
地　　址：台北市杭州南路一段 63 號 9 樓之 1
電　　話：(02)2392-5338
傳　　真：(02)2392-5380
網　　址：www.thirdnature.com.tw
E-mail：reader@thirdnature.com.tw

印　　製：中原造像股份有限公司
初　　版：2011 年 11 月
六版十刷：2024 年 5 月

郵撥帳號：50130123 幸福綠光股份有限公司
定　　價：新台幣 320 元

ISBN 978-957-9528-68-9

總 經 銷：聯合發行股份有限公司
　　　　　新北市新店區寶橋路 235 巷 6 弄 6 號 2 樓
電　　話：(02)29178022
傳　　真：(02)29156275

國家圖書館出版品預行編目資料

發炎，並不是件壞事 / 陳俊旭著. 一六版.一
臺北市：新自然主義，幸福綠光，2020. 02
面；　公分
ISBN 978-957-9528-68-9

1. 疾病防制　2. 慢性疾病

429.3　　　　109000957

新自然主義 讀者回函卡

書籍名稱：《吃錯了，當然會生病！❷：發炎，並不是件壞事》

■ 請填寫後寄回，即刻成為新自然主義書友俱樂部會員，獨享很大很大的會員特價優惠（請看背面說明，歡迎推薦好友入會）

★ **如果您已經是會員，也請勾選填寫以下幾欄，以便內部改善參考，對您提供更貼心的服務**

● 購書資訊來源：□逛書店 □報紙雜誌廣播 □親友介紹 □簡訊通知 □新自然主義書友 □相關網站

● 如何買到本書：□實體書店 □網路書店 □劃撥 □參與活動時 □其他

● 給本書作者或出版社的話：

■ 填寫後，請選擇最方便的方式寄回：

（1）傳真：02-23925380

（2）影印或剪下投入郵筒（免貼郵票）

（3）E-mail：reader@thirdnature.com.tw

（4）撥打02-23925338分機16，專人代填

姓名：＿＿＿＿＿＿ 性別：□女 □男 生日：＿＿年＿＿月＿＿日

★ 已加入會員者，以下框內免填

手機：＿＿＿＿＿＿ 電話（白天）：（　）＿＿＿＿＿＿

傳真：（　）＿＿＿＿＿＿ E-mail：＿＿＿＿＿＿

聯絡地址：□□□□□ ＿＿＿＿縣（市）＿＿＿＿鄉鎮區（市）

＿＿＿＿路（街）＿＿段＿＿巷＿＿弄＿＿號＿＿樓之＿＿

年齡：□16歲以下 □17-28歲 □29-39歲 □40-49歲 □50~59歲 □60歲以上

學歷：□國中及以下 □高中職 □大學/大專 □碩士 □博士

職業：□學生 □軍公教 □服務業 □製造業 □金融業 □資訊業 □傳播 □農漁牧 □家管 □自由業 □退休 □其他

寄回本卡，掌握最新出版與活動訊息，享受最周到服務

加入新自然主義書友俱樂部，可獨享：

會員福利最超值

1. 購書優惠：即使只買1本，也可享受8折。消費滿900元免收運費。
2. 生 日 禮：生日當月購書，一律只要定價75折
3. 社 慶 禮：每年社慶期間（3/1~3/31）單筆購書金額逾1000元，就送價值300元以上的精美禮物；贈品內容依網站公布為準。
4. 即時驚喜回饋：（1）優先知道讀者優惠辦法及A好康活動
（2）提前接獲演講與活動通知
（3）率先得到新書新知訊息
（4）隨時收到最新的電子報

入會辦法最簡單

請撥打02-23925338分機16專人服務；或上網加入http://www.thirdnature.com.tw/

（請沿線對摺，免貼郵票寄回本公司）

□□□□□

姓名：

地址：______市縣______鄉鎮市區______路街______段

______巷______弄______號______樓之______

廣告回函
北區郵政管理局登記證
北台字03569號
免貼郵票

幸福綠光股份有限公司
新自然主義股份有限公司

地址：100 台北市杭州南路一段63號9樓
電話：(02)2392-5338　傳真：(02)2392-5380
出版：新自然主義・幸福綠光
劃撥帳號：50130123　戶名：幸福綠光股份有限公司